学术研究专著

射孔段油套管柱强度
安全性评价方法及应用

李明飞　窦益华　著

西北工业大学出版社

西安

【内容简介】 本书基于高压深井射孔作业特点,研究射孔液的压力脉动和油套管柱动态响应规律,发展高初压、狭长边界、深层接触水下爆炸理论,研究油套管柱的损伤机理,可指导此类高压深井的射孔设计,减少射孔事故,对保障射孔安全、降低开发成本具有重要意义。

本书可供从事石油工程、测井工程专业的高校教师、研究生、本科生使用,也可供从事石油工程、测井工程、井完整性相关科研工作的科研院所(如中国石油天然气集团有限公司、中国海洋石油集团有限公司、中国石油化工集团有限公司的相关工程院、研究院)研究人员,以及石油天然气开发的一线作业管理人员和技术人员阅读、参考。

图书在版编目(CIP)数据

射孔段油套管柱强度安全性评价方法及应用 / 李明飞,窦益华著. — 西安 : 西北工业大学出版社,2024.11. — ISBN 978 - 7 - 5612 - 9473 - 4

Ⅰ.TE257

中国国家版本馆 CIP 数据核字第 2024KU6298 号

SHEKONGDUAN YOUTAO GUANZHU QIANGDU ANQUANXING PINGJIA FANGFA JI YINGYONG
射 孔 段 油 套 管 柱 强 度 安 全 性 评 价 方 法 及 应 用
李明飞　窦益华　著

责任编辑:曹　江	策划编辑:杨　军	
责任校对:季苏平	装帧设计:高永斌　李　飞	

出版发行: 西北工业大学出版社

通信地址: 西安市友谊西路 127 号　　　　邮编:710072

电　话: (029)88491757,88493844

网　址: www.nwpup.com

印 刷 者: 陕西向阳印务有限公司

开　本: 720 mm×1 020 mm　　　1/16

印　张: 12.875

字　数: 252 千字

版　次: 2024 年 11 月第 1 版　　　2024 年 11 月第 1 次印刷

书　号: ISBN 978 - 7 - 5612 - 9473 - 4

定　价: 69.00 元

前　　言

　　储层压力大于 70 MPa、深度 5 000 m 以上的高压深井,由于钻井液与储层接触时间长,常形成孔隙堵塞导致渗透率降低的污染带,且随着深度增加,储层岩石抗压强度不断增大,需借助高能、超强射孔弹才能射穿高强度的储层岩石污染带。高能射孔过程产生的高压爆生气体和强冲击载荷,使射孔液和油套管柱承受复杂动载,常引发射孔段管柱塑性弯曲、振断和套管损坏事故。爆轰压垮药型罩形成万米级速度和吉帕量级压力的金属射流,侵彻射孔枪和套管,可能引发胀枪和卡枪事故,导致数亿元成本的单井报废。

　　现有浅层、低初压、自由边界水下爆炸理论难以解决深井、高初压、狭长边界下射孔液的压力脉动规律及油套管柱损伤机理分析问题。为此,本书根据高压深井聚能射孔作业特点,应用米氏方程和平均比热容法,引入最大爆热实现程度系数,修正爆容、爆热和爆温;应用最大释能原理和 Kamelet 法分析爆压和爆速,据此建立适用的爆轰参数分析方法,提高分析精度;基于相变界面冲击波连续性和 Tait 方程,形成初始冲击波压力分析方法;基于反射原理,建立套管和射孔液界面反射参数分析方法;引用经典实验数据,拟合量化弹间波干扰程度,分阶段建立射孔液压力脉动方程,探明射孔液压力脉动规律;应用振动力学悬臂梁理论,建立管柱动力学模型,推导管柱振动微分方程,用分离变量法求解,得到管柱振动主振型、位移响应和固有频率表达式;应用 AUTODYN 软件,建立瞬态模型,用欧拉(Euler)模型描述固壁套管和弹性管柱,用 Euler-Multimaterial 模型描述大变形射孔液和发生固液气相变的射孔弹,模拟流固耦合作用,探明射孔液压力脉动规律和管柱动态响应机理,解释射孔管柱常在近封隔器处损坏的现象。

应用 LS-DYNA 软件,建立射孔弹-枪-液-套管三维模型,用 ALE 法,先执行网格随物质运动的拉格朗日算法,再执行穿过单元边界的质量、内能和动量的欧拉映射算法,分析药型罩压垮形成射流的相变过程,探寻能量、密度、速度的变化规律,研究胀枪和卡枪机理。考虑一次与重复侵彻孔眼轴向、环向和螺旋线向相切三种不利分布,应用 Workbench 瞬态法,建立三维模型,应用边界单元法处理相切孔难收敛问题,分析重复射孔套管孔边和孔间的应力分布规律,得到了重复射孔套管剩余强度,归纳形成了再生深井重复射孔套管强度安全性评价推荐做法。

本书在以上研究的基础上,发展高初压、狭长边界、深层接触水下爆炸理论,研究油套管柱的损伤机理,可指导此类高压深井的射孔设计,减少射孔事故,对保障射孔安全、降低开发成本具有重要意义。

本书是笔者在参与国家自然科学基金 3 项、国家科技重大专项 2 项、其他项目 30 余项,主持低渗透油气田勘探开发国家工程实验室开放基金项目(省部级)1 项,主持陕西省重点研发项目"基于改进 SPH 法粒子追踪的超强低损伤射孔弹优化设计方法研究"(项目编号:2024GX - YBXM - 500),主持陕西省秦创原"首席科学家+工程师"项目"'双碳'背景下的非常规油气藏高效射孔工艺技术研究与应用"(项目编号:2024QCY - KXJ144)的基础上撰写而成的。其中,李明飞负责撰写本书的第 2～6 章,窦益华负责撰写本书的第 1 章和第 7 章。

由于水平有限,书中难免存在不足之处,敬请广大读者批评指正。

著 者

2024 年 4 月

目　　录

第1章 绪 论

1.1 研究背景及其意义

高压井储层压力大于 70 MPa 的,通常都是 5 000 m 以上的深井。深井钻井周期长,钻井液与储层接触时间长、污染严重,需要采用聚能、高能射孔弹才能射穿污染带。高压深井射孔作业单枚射孔弹爆轰能量大、射孔液柱压力高、射孔段套管边界狭长,能量释放空间有限,在射孔作业过程中常发生射孔段管柱塑性弯曲、振断及胀枪、卡枪、卡管柱和套管损坏事故[1-3]。如图 1 - 1～1 - 4 所示,DQ6 井、DN2 - 27 井、DN2 - 16 井射孔段管柱发生塑性弯曲[4-5]。分析上述事故,其发生原因为射孔作业过程中聚能射孔爆轰冲击、高速金属射流、射孔液压力脉动和管柱振动。射孔爆轰瞬间,射孔弹几乎瞬时引爆、爆炸,产生瞬时高能、高温、高压,使射孔枪、射孔段管柱和套管承受复杂动态载荷,影响管柱和套管的强度安全。目前,塔里木油田山前平均井深在 6 000～8 000 m 之间,单井成本超过 1 亿元人民币,最深的轮探 1 井完钻井深达 8 882 m(亚洲陆上第一深井)。因此,本书通过高压深井射孔液压力脉动及油套管柱动态响应机理研究,探明射孔液压力脉动规律和油套管柱动态响应机理,分析射孔段油套管柱强度安全性,为合理优化射孔段管柱组合、优化射孔段井身结构、优选射孔参数提供依据,可以避免或减少射孔事故的发生。

射孔工艺发展使得爆轰能量不断增加,是引发管柱和套管井下事故的主要因素。为了解决高压深井射孔液压力脉动及油套管柱动力强度安全分析问题,首先要准确计算射孔弹爆轰能量的大小,准确计算爆温、爆热、爆容、爆压和爆速等爆轰参数。目前,射孔弹多采用两种或多种组分炸药装药并添加催化剂,装药密度大,传统单一组分炸药的爆轰参数分析方法已不适用。为此,需要进行爆轰参数适用分析方法研究,提高爆轰参数的计算精度,为射孔液压力脉动及油套管柱动态响应机理分析提供基础数据。

图 1-1 DQ6 井射孔段管柱振弯

图 1-2 DN2-27 井射孔段管柱振弯

图 1-3 DN2-16 井射孔段管柱振断

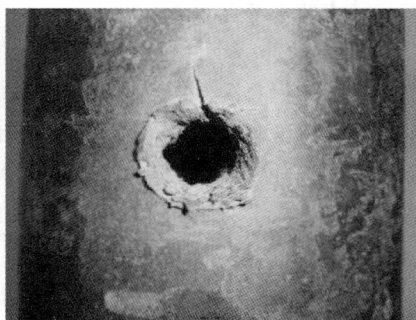

图 1-4 射孔套管孔边裂纹与开裂

　　自由水下爆炸爆轰波传播、损伤等方面的研究相对成熟,尤其是水下鱼雷、炸弹爆炸对舰船损伤方面的研究成果较多。如图 1-5 所示,射孔爆轰要考虑由套管构成的狭长井筒以及弹性管柱边界条件,要考虑井下几千米的射孔液压力,初始条件与边界条件均与自由水下爆炸明显不同。因此,在准确计算爆轰参数的基础上,研究复杂边界条件和高压力下射孔液的压力脉动规律,为射孔段油套管柱动力强度安全性分析提供激励载荷。人们大多关注动载荷对管柱整体动力强度的影响,但对材料本身的力学关键参数、本构模型变化关注较少。因此,有必要针对高压深井常用管柱材料,进行动力特性实验研究及强度安全性分析,从材料的角度,进一步阐明射孔冲击载荷作用下管柱材料的响应特性。

　　图 1-6 为射孔枪弹架和射孔枪身,射孔弹爆轰瞬间融化、挤压药型罩金属,形成高速、高压金属射流。射流首先射穿射孔枪盲孔壁,然后射穿套管和地层,形成油流通道。这是一个包括炸药爆轰、药型罩压垮形成射流、射流侵彻射孔枪和套管的复杂动态过程,包含能量、质量、速度、变形之间的转化和平衡。射流会

使射孔枪盲孔边缘产生外翻毛刺,射流尾部的扫动和流变金属的堆积作用也将在套管内壁产生内翻毛刺,如果叠加毛刺过高,容易引起卡枪。爆轰和射流的共同作用,易使射孔枪沿螺旋线方向形成高应力/塑性区,在高爆轰压力下,射孔枪易向外鼓胀,造成胀枪。套管也会在射孔瞬间承受类似的载荷,引发套管安全隐患。

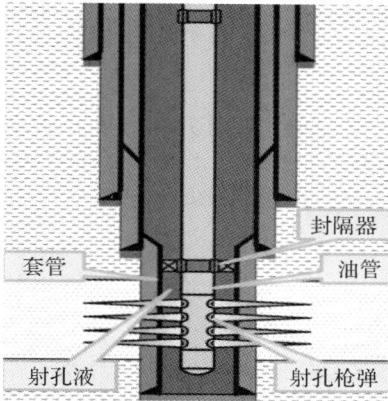

图 1-5 井身结构及射孔管柱示意图

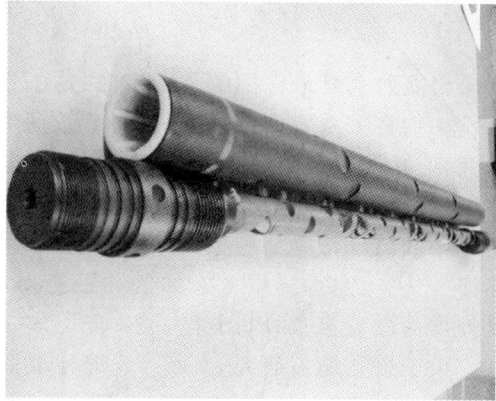

图 1-6 射孔枪弹架及射孔枪身

随着射孔和压裂技术的进步,曾经弃置的老井可获再生,得到工业油流。需要对老井筒进行二次甚至三次射孔,扩大孔径、增加穿深,提高压裂效果,因此有必要开展重复射孔套管的强度安全性研究。

传统的管柱静力学已经无法解决射孔管柱的强度安全性分析问题,需要基于振动力学、流体动力学理论,考虑射孔液与套管、管柱的流固耦合作用,辅以实验或数值分析的方法,建立射孔管柱动力学理论,分析射孔段管柱的强度安全性。该类问题可归结为有边界约束的水下爆炸问题,但是与传统的自由或半自由边界、浅水层爆炸相比,其存在套管边界狭长、5 000 m 井深、高压水下爆炸的特点,再考虑到流固耦合问题,大大增加了建立理论模型、进行数值分析和实验分析的难度。

为了验证和完善理论或数值分析方法,需要通过实验或现场实测的方式,实测射孔冲击下射孔液压力脉动和管柱振动位移、速度、加速度、频率等关键参数。根据文献记载,斯伦贝谢公司曾于 2012 年研发过类似的振动测试器,给出了实测结果,但是测试器的结构组成、测量系统、数据采集系统等核心技术未公开发表,属于技术上的"黑匣子",国内无相关仪器研制方面的报道。因此,有必要自主研发射孔液压力脉动及管柱振动测试器并下入井下,进行数据实测,从而验证和完善理论或数值分析方法。

1.2　文　献　综　述

1.2.1　高压深井射孔爆轰参数及压力脉动规律研究

聚能射孔是最常用的生产完井方式,最初的射孔研究主要集中于射孔参数与流动效率关系方面,而射孔爆轰参数研究相对较少。随着井深和射孔强度的增大,射孔爆轰压力及其对管柱与套管强度安全的影响开始引起人们的重视[6]。爆轰理论给出了炸药爆轰参数传统计算方法[7],对于特殊炸药的爆轰参数,常需要应用数值方法才能得到[8-9]。光电实测等实验方法因高成本、高风险而难以推广[10-11]。因此,需要考虑油气井聚能射孔的装药类型和特点,探寻适用的射孔弹炸药爆轰参数分析方法。

关于射孔压力研究,文献[12]基于实际工况,建立了射孔液压力脉动基本方程,因方程复杂,只开展了定性分析。中国石油大学曾进行了相关有益探索[13-16],分析了射孔过程中射孔液的压力脉动特性,推导了爆轰气体冲击下射孔液的运动微分方程,采用理论和实验结合的方法定性阐述了射孔液压力脉动规律。文献[15-16]根据水下爆炸理论研究了聚能射孔液压力脉动规律,但没有考虑有限井下空间约束和射孔弹装药特性,结果难免存在误差。文献[17-18]分析了"口袋"、射孔段中心处和封隔器处的峰值压力,计算射孔爆轰瞬间的冲击荷载,并作用于射孔段管柱,结合管柱屈曲理论,分析射孔段管柱的强度安全性。

射孔常引发油套管柱安全事故,分析认为,高爆轰压力及脉动是主因。针对狭长复杂边界和射孔井下的水下爆炸研究,国内外报道较少。1953年,文献[19]提出了一种水下爆炸气泡形状改变规律和上升方式的系统方法。1956年,文献[20]通过考虑水的可压缩性来修正水下爆炸气泡的阻尼径向振荡理论,可以预测阻尼振荡的振幅和衰减周期。1978年,文献[21]描述了诺贝尔爆炸公司通过水下实验法评估爆炸关键参数和爆炸性能的方法,测量了爆速、周期、气泡半径和冲击压力等随时间的变化。文献[22]研究了流体和激波与障碍物相互作用的水下爆炸问题。文献[23]根据非线性有限元和连续介质力学理论,给出了碰井壁钻柱的控制方程,建立了有限元列式,用显式时间积分法求解基于拉格朗日算法的振动碰撞方程。

水下爆炸产生的爆轰波和气泡会损伤障碍物,以舰船、甲板等损伤研究最多,因障碍物存在,爆轰传播特性将发生改变。文献[24]对水下爆炸动力学及其与流体结构的相互作用进行了实验和数值研究。文献[25]进行了水面舰艇和船舶冲击实验,考察了对船舶和船员生命有负面影响的设计和施工缺陷,验证了冲击硬化的标准和性能。文献[26]基于合适的本构模型和边界条件,分析了舰船对水下远场爆炸首波高能冲击波的响应。文献[27]比较了受到水下爆炸的空气支撑的矩形铝板弹性动态响应的实验和数值结果。文献[28]研究了水下爆炸作用下舰船平面板的线性弹性冲击响应。文献[29]阐述了结构动力学模型修正方法中的目标函数和修正算法,分析了结构动力学模型修正策略,展望了结构动力学有限元模型修正技术的发展方向。以上文献主要分析了浅层和自由水下爆炸对障碍物的损伤,而对于类似油气井射孔水下爆炸问题研究较少。

文献[30]对管中爆轰波经过穿孔板的传播特性进行了实验研究,考察了爆轰参数和爆轰产物对爆轰波传播特性的影响。文献[31]利用笛卡儿有限体积法对可压缩流体流动进行了数值模拟,采用拉格朗日法描述结构对流体动压力的响应。文献[32]采用欧拉-拉格朗日法分析了地雷爆轰波及传播规律。文献[33]用体积-分数型方法,建立了非结构网格非混相流体三维模型,得到了适用于爆炸的多材料可压缩流动的理论。以上文献对本书的研究具有参考作用,但针对性不够。文献[34-35]分析了射孔冲击下管柱和工具的动态响应,但是,国外公司将其射孔压力分析与实测技术视为核心机密,尚未公开发表。

1.2.2 射孔侵彻对射孔枪和射孔套管动力强度影响分析

目前的射孔工艺不断追求深穿透、大孔径、高孔密射孔,持续提升爆轰能量,加重了对套管和射孔枪的损伤[36]。因此,有必要研究爆轰波冲击、叠加对能量转换、射流速度变化和套管强度安全性的影响。

斯伦贝谢公司在射孔冲击预测[34]、减振[37]、冲击载荷数值模拟及应用[35]、减少射孔爆轰压力的工具及方法[38]、缓冲[39]、风险评估[40]等有关射孔爆轰分析方面做过系列研究。文献[41-43]做了关于爆炸载荷作用下井下结构动态响应数值模拟、控制井底流体流动的射孔枪组件分析、射孔冲击载荷预测等研究。以上研究与本书研究比较接近,但只是对射孔产生的冲击载荷、破坏力以及相关的减振措施和工具进行了分析,未见射孔爆轰对射流形成和速度、射孔套管动态应力分布及强度安全影响的分析。

文献[44]对外压下射孔套管失效进行了数值和实验分析,认为径厚比、孔间距、椭圆度和孔径对套管强度均有不同程度的影响。文献[45]研究了射孔套管承受外压和弯曲载荷时的强度降低问题。文献[46]针对大斜度井射孔套管外压非均匀性大的特点,采用定向射孔方式,化解和抵消了非均匀载荷的不利作用,以保证套管安全。文献[47]评估了高度可压缩储层中的高孔密射孔套管的变形及失效判据。以上文献主要针对套管射孔后的整体安全性展开分析,没有关注射孔过程中金属射流、爆轰波等的动载荷对套管的局部应力损伤。

文献[48]通过调整药型罩的辅助材料,仿真分析了不同工况下聚能射流及侵彻过程,探明了药型罩中不同辅助材料对射流成型和侵彻能力的影响规律。文献[49]利用 LS-DYNA 软件,分析了不同装药类型聚能射流的形成及侵彻过程。文献[50]采用 LS-DYNA 软件对弹丸侵彻套管、水泥环和围岩的三维实体模型进行试算,分析了子弹速度和靶板应力变化规律。文献[51-54]介绍了其他领域任意拉格朗日-欧拉(ALE)的应用,具有借鉴和参考作用。

文献[55]采用应用实验和数值分析的方法,分析了射孔枪的载荷状态、材料特性和几何特性,综合考虑高速撞击、爆炸载荷、冲击波,分析了射孔枪的损伤机理。文献[56]研究了某油田射孔枪射孔后损坏落井及现场打捞的相关技术方法。文献[57]借鉴舰载喷气机炮体的发射阻力和穿透能力研究,应用三维欧拉有限元方法分析了射孔枪的力学特性。以上研究与本书比较接近,主要对射孔产生的冲击载荷、破坏力进行了分析,但未见射孔爆轰对射流形成和速度、射孔枪动态应力分布及强度安全影响方面的研究。

文献[58]修正了 JC 模型,并利用该模型对射孔枪射孔过程的大应变、高应变率、高温、爆炸、超速撞击、损伤、断裂和相变的过程进行建模和分析。文献[59]使用 gunshock 仿真软件,评估射孔载荷对枪弹类型、装药类型、密度、油管柱尺寸和长度、电缆尺寸、封隔器和减振器设置的敏感性。文献[60]考虑射孔枪爆轰、大变形、压力高的特点,设计了在恶劣条件下确保安全的射孔压力测试系统,并进行了考虑塑性变形的数值分析。文献[61]采用 LS-DYNA 模块对射孔枪的动态响应进行了模拟,分析了不同工况下射孔动载荷的特点,以及不同轴向和径向载荷对射孔枪结构强度的影响。以上文献分别采用不同的软件模拟射孔爆轰过程,主要考虑单枚射孔弹的射孔效果,未能考虑多枚的弹间叠加和干扰;也有采用高速杆体代替金属射流的,但未能模拟爆轰和射流过程。

文献[62]利用 LS-DYNA 软件,建立了切割索侵彻铝合金板模型,对药型罩夹角、装药线密度、炸高 3 个因素进行了优化和验证。文献[63]应用 LS-DYNA 仿真分析了锥罩射流侵彻混凝土的过程。文献[64]研究了轴向射流侵彻和径向射流扩孔的机理,可为射孔套管开孔提供借鉴。文献[65]阐述了不同时期喷管侧向载荷的研究目标及成果,并分析了引起喷管侧向载荷的因素。在侧向载荷分析的基础上,进一步分析了喷管流固耦合问题的研究进展及方法。应用 ATOS-M 模型计算了聚能射流侵彻靶体的过程及运行轨迹。文献

[62-65]主要介绍火工、军工武器,尤其是对穿甲弹侵彻的研究,有借鉴价值。文献[66-68]主要介绍 ALE 的其他应用,可借鉴和参考。

1.2.3　射孔液压力脉动激励下射孔段管柱动态响应机理研究

除了国内的 DQ6 井、DN2-27 井、L16 井、WC1 井、JM1 井、KS2 井发生过射孔段管柱塑性弯曲、封隔器中心管断裂及卡管柱等事故,美国 Fort Worth[69]、Arkoma[70]、The gulf of Mexico[74]也遇到过射孔管柱损坏现象。

管柱在爆轰冲击下的动态响应方面的研究较少,火炮动力学分析可以提供借鉴[71-72],但是初始和边界条件与本书研究存在差异。Schlumberger 公司采用非连续自适应型有限元法求解欧拉方程和纳维-斯托克斯方程,应用 HP 型伽辽金法研究爆轰气体扩散和对流现象并求解,研究射孔液压力脉动规律[73-75]。Halliburton 基于时间推进有限差分法,研究射孔液与管柱的流固耦合[76-77]。

部分文献用有限元模拟及地面实验方法分析射孔段管柱的振动。文献[78]研究了射孔枪振动和高压对管柱的影响,指出射孔瞬间在封隔段形成的高压是引起管柱振动的主要影响因素。文献[79]建立了管柱在水平井中的振动模型,详细分析了射孔段管柱的轴向振动位移和速度变化规律。文献[80]采用弹簧和梁单元研究油套管柱的非线性接触特性,分析不同井深处管柱的轴力和径向位移的变化。文献[81]结合 LS-DYNA 软件和经验公式,研究管柱动态响应机理。文献[82]认为管柱动态响应和失效是高压深井射孔工艺需要解决的核心技术问题。文献[83]研发了连接射孔枪的减振和能量吸收装置。

水下爆炸方面的相关研究可为本书的研究提供先导性思路。文献[84]对比了考虑和不考虑应变率敏感性的影响,测量爆轰波下圆盘的挠度值。文献[85]通过理论和数值的方法分析了作用于近场水下爆炸刚性结构冲击载荷,实现了流固耦合效应。文献[86]基于多相流体动力学理论,研究了浸没式平板下气泡塌陷的现象。文献[87]研究了钢和铝圆板在爆炸载荷下的动态响应机理。文献[88]分析了非接触水下爆炸损伤因素之间的相互影响规律。现有自由水下爆炸相关理论可借鉴,但无法直接应用于本书研究。

AUTODYN 软件经过适当的参数设计和改进,可以获得传统方法不具有的功能。利用 AUTODYN 软件,文献[89]仿真分析了地雷爆炸过程。文献[90]分析了水下三硝基甲苯(TNT)激波的传播过程。文献[91]模拟了液化天然气(LNG)爆炸过程,并研究了其对结构的破坏机理。文献[92]研发了高频采集压力和加速度测试仪,在墨西哥湾某油田测试了射孔液的动态响应参数。文献[93]建立了射孔完井压力脉动及动态冲击载荷的理论预测方法。由此可见,目前 AUTODYN 软件的模拟多集中于自由边界下爆炸对障碍物变形和损伤的影响,对于限制边界的模拟很少,且多数模拟 LNG 或 TNT 传统爆炸物的爆轰和破坏力,针对聚能炸药爆轰的模拟未见报道。

1.2.4　高压深井射孔脉动压力及管柱振动井下测试研究

文献[94]针对射孔段管柱爆炸冲击动态响应问题,研发了模拟测试实验装置,实测了加速度和压力。文献[95]应用重力和弹性力相似理论,设计了模型实验,管道两端为固定约束,水流与管道之间采用不同角度、不同的悬跨管长,通过实验比较不同频率对悬跨管道振动的影响。开发了管柱振动系统仿真软件,对管柱振动信号进行了仿真分析,同时利用室内管柱振动实验对该方法的有效性进行了验证。文献[96]设计了一套射孔段管柱动态载荷地面综合测试系统,利用该系统同步测得了浅层管柱在射孔弹爆炸冲击下的加速度、应变和外环压。文献[97]研发了井下钻井过程中钻井仪器振动实时测量存储系统。由此可见,国内关于井下实测的仪器主要针对钻柱振动,其传感器灵敏度、阈值、采样频率等关键参数与射孔管柱振动有所区别。国外研发了高速样本采集压力和加速度测试仪,在墨西哥湾测试了射孔过程中射孔液的动态响应参数[92],但是未能提供实验仪器设计细节和关键测量系统的配置和设置。

1.2.5　管柱材料动力特性实验研究及管柱动力强度安全性分析

射孔常引发管柱振断、振弯等事故,引起了相关领域学者的关注[98-100],但是针对管柱材料本身动力学特性的研究较少。文献[101]研发了高速拉伸实验装置,在试样表面可测量全场变形和温度。文献[102]使用商业图像软件和数字高速摄像机,测量分离压缩和拉伸霍普金森压杆(SHPB)实验的应变和应变率。材料动载下的力学特性分析主要针对舰船金属、堤坝的动态响应机理[103-104],主要关注材料的本构模型变化情况[105-106],但对油井管材料实验少有研究。文献[107]指出了 Z-A、J-C 和 B-P 本构方程的适用性,经过应力和应变的转换,采用统一的方程描述不同应力下的流动应力函数。文献[108]考察了 4 种不同含铬 P110 钢材的力学性能,随含铬量的增加,拉伸和屈服强度提高,纵横向冲击能和伸长率先增后减。文献[109]采用失重实验、动电位极化曲线分析、阻抗谱和电镜扫描等方法,研究了 CO_2 对 P110 钢表面的腐蚀。文献[110]采用 SHPB 装置,测量了 H13 钢高温高压下的流变应力和流变应变的影响规律,得到了 JC 模型的关键参数数据。文献[111]基于 LS－DYNA 建立了钢弹体贯穿铝靶和马钉钢侵彻铝靶的有限元模型,用单一变量法分析了主要参数的敏感性。文献[112－114]开展了不同材料在不同应变率下的拉伸性能实验研究。文献[115]描述了高速扭转实验机的开发以及在大剪切应变下铜应变速率相关强度的结果。P110 材料实验主要是不同 Cr 含量下的静力学性能实验和材料的耐 CO_2 和 H_2S 的腐蚀性能实验,少有 P110S 材料动载实验的相关文献报道。

1.2.6　重复射孔侵彻套管剩余强度分析

随着射孔和压裂技术的发展,弃置的老井可获得再生。需要利用原有井筒重复射孔,增加射孔穿深和孔径,提高压裂效果,重复射孔套管剩余强度是决定生产安全的关键因素,需要开展针对性研究。

1995 年,因近井黏土污染和出水层结垢,为重建油流通道,文献[116]最早提出并实施了重复射孔。文献[117]分析了重复射孔筛管的剩余强度。文献[118]考察了角度和孔距对重复射孔套管剩余强度的影响规律。关于一次射孔套管剩余强度的研究较多,早期代表性文献[119－120]主要研究了射孔套管孔边开裂和复杂载荷作用下的剩余强度。文献[121－122]主要开展了压裂井射孔参数优选、水泥石环参数优化方面的研究。目前的研究热点包括:①孔眼相变对射孔套管剩余强度的影响规律[123];②定面射孔套管剩余强度分析[124];③射孔套管抗外挤剩余强度研究[125];④射孔套管剩余强度实验分析[126]。国外有关重复射孔研究主要是针对二次爆炸的清孔作用[127],不是本书所研究的重复射孔[128]。文献[129－130]为本书的重复射孔的评价方法提供了部分思路。文献[131]提出了等效射孔的概念以及加载规律分析。文献[132]研究了内压和复合力矩下的管体强度。

1.3　现有研究状况

射孔爆轰瞬间,射孔弹几乎同时爆炸,产生瞬时高能、高温、高压,使射孔段管柱和套管承受复杂动态载荷,影响安全。现有浅层、低初压、自由边界水下爆炸理论难以解决深井、高初压、狭长边界下射孔液压力脉动规律分析及油套管柱损伤问题。

要提高射孔液压力脉动和油套管柱动态响应及强度安全性分析精度,首先需准确计算能量源,即爆轰参数,开展爆轰参数适用方法研究。传统单一组分炸药的爆轰参数计算有相对成熟的计算公式,但已不适用于高爆能、高装药密度炸药的爆轰参数分析。

射流将使射孔枪产生外翻毛刺,套管产生内翻毛刺,如果叠加毛刺过高,那么容易引起卡枪。爆轰和射流的共同作用,将使射孔枪沿螺旋线方向形成高应力/塑性区,在高爆轰压力下易向外鼓胀,造成胀枪,套管也将承受类似的动载荷,引发套管安全事故。现有文献部分采用二维建模射流相变过程,部分采用高速金属杆体代替射流,也未考虑射孔枪盲孔的存在,未能实现相变和流固耦合,这些假设和不足将降低分析精度。

重复射孔和大规模体积压裂,可以使弃置的老井获得"再生",但是,重复射孔会再次降低套管强度,强度过低就无法进行体积压裂,有必要开展深井老井重复侵彻套管剩余强度分析,目前未见相关文献报道。需要考虑一次与重复射孔孔眼轴向、环向和螺旋线向相切三种不利分布,建立重复射孔侵彻套管的力学模型,分析重复射孔套管孔边和孔间的应力分布规律,得到二次和三次重复射孔套管剩余强度;需要归纳形成再生深井重复射孔套管强度安全性评价推荐做法,建立初步的评价程序和标准。

目前,针对浅层、低初压、自由边界水下爆炸研究有相对成熟的理论。但是,高压深井射孔是基于深层、数十兆帕的射孔液高初压、套管和管柱构成的狭长边界条件,同时也要考虑相变、大变形和流固耦合问题,大大增加了分析的难度。现有水下爆炸成果难以解决射孔液压力脉动规律分析及油套管柱损伤问题,需要开展针对性研究。

为了验证和完善理论或数值分析方法,需要通过实验或现场测试的方式,实测射孔冲击下管柱动态响应的位移、速度、加速度、频率等关键参数。根据目前的文献记载,斯伦贝谢公司曾于2012年研发过类似的振动测试器,给出了实测结果,但是测试器的结构组成、测量系统、数据采集系统等核心技术未公开发表,国内也无相关仪器研究。因此,有必要研发射孔段管柱振动测试器,并下到数千米的井下,进行数据实测,验证和完善理论或数值分析方法。填补国内深井下射孔液压力脉动和管柱振动测试的空白,打破国外的技术壁垒。

研究人员大多关注动载荷变化对管柱整体动力强度安全性的影响,但对材料本身的动力学特性关注较少。有必要针对高压深井常用管柱材料,进行管材动力特性实验研究及管柱强度安全性分析,从管柱材料的角度,进一步阐明冲击载荷作用下射孔管柱的响应机理。

通过本书的研究,能逐一解决上述研究中的不足,研究射孔液压力脉动规律和油套管柱动态响应机理,发展高初压、狭长边界、深层接触水下爆轰及损伤理论,指导射孔设计和作业,减少射孔事故。

1.4　主要研究内容

射孔爆轰瞬间产生瞬时高能、高温、高压,使油套管柱承受复杂动态载荷,影响强度安全。为了解决浅层、低初压、自由边界水下爆炸理论针对性不足的问题,本书发展深井深层、高初压、狭长边界接触水下爆轰及损伤理论,开展“高压深井射孔液压力脉动及油套管柱动态响应机理研究”,研究射孔液压力脉动规律和油套管柱动态响应机理。主要研究思路如图 1-7 所示。其中框图 1 对应第 2 章聚能射孔弹炸药爆轰参数和射孔液压力脉动分析部分,框图 2 对应第 3 章射孔侵彻对射孔枪和套管应力强度的影响分析部分,框图 3 对应第 4 章射孔激励下射孔段管柱动态响应机理研究、第 5 章高压深井射孔液压力脉动及管柱振动井下测试研究部分。主要研究内容和章节如图 1-7 所示。

(1)聚能射孔弹炸药爆轰参数和射孔液压力脉动分析。应用米海尔里逊方程和爆轰组分平均比热容法,引入最大爆热实现程度系数,修正爆容、爆热和爆温;应用最大释能原理和 Kamelet 法分析爆压和爆速,据此建立适用的爆轰参数分析方法,提高分析精度。基于相变界面冲击波连续性,应用 Tait 方程,形成冲击波初始压力分析方法;考虑高压、狭长套管边界,基于反射原理,建立套管和射孔液界面反射参数分析方法;引用经典爆炸实验数据,拟合量化弹间压力波干扰程度,按初压、指数衰减、倒数衰减,分阶段建立射孔液压力脉动方程,系统建立射孔液压力脉动规律分析方法,研究射孔液压力脉动规律。

(2)射孔侵彻对射孔枪和套管应力强度的影响分析。胀枪和卡枪机理分析:应用 ANSYS 有限元软件 LS-DYNA 模块,建立射孔弹-射孔枪-射孔液-套管三维有限元模型,应用改进的任意拉格朗日-欧拉(ALE)算子分离法,分析药型罩压垮形成射流的相变过程,实现射流、射孔液、枪和套管的流固耦合,探究能量、速度、变形的变化规律,研究胀枪和卡枪机理。

二次和三次重复射孔侵彻套管强度安全性分析:以某再生深井为例,考虑一次射孔侵彻与重复侵彻孔眼轴向、环向和螺旋线向相切三种不利分布,应用 Workbench 瞬态法,分析重复射孔侵彻套管孔边和孔间的应力分布规律,得到二次和三次重复射孔侵彻套管剩余强度,归纳形成再生深井重复射孔侵彻套管强度安全性评价推荐做法。

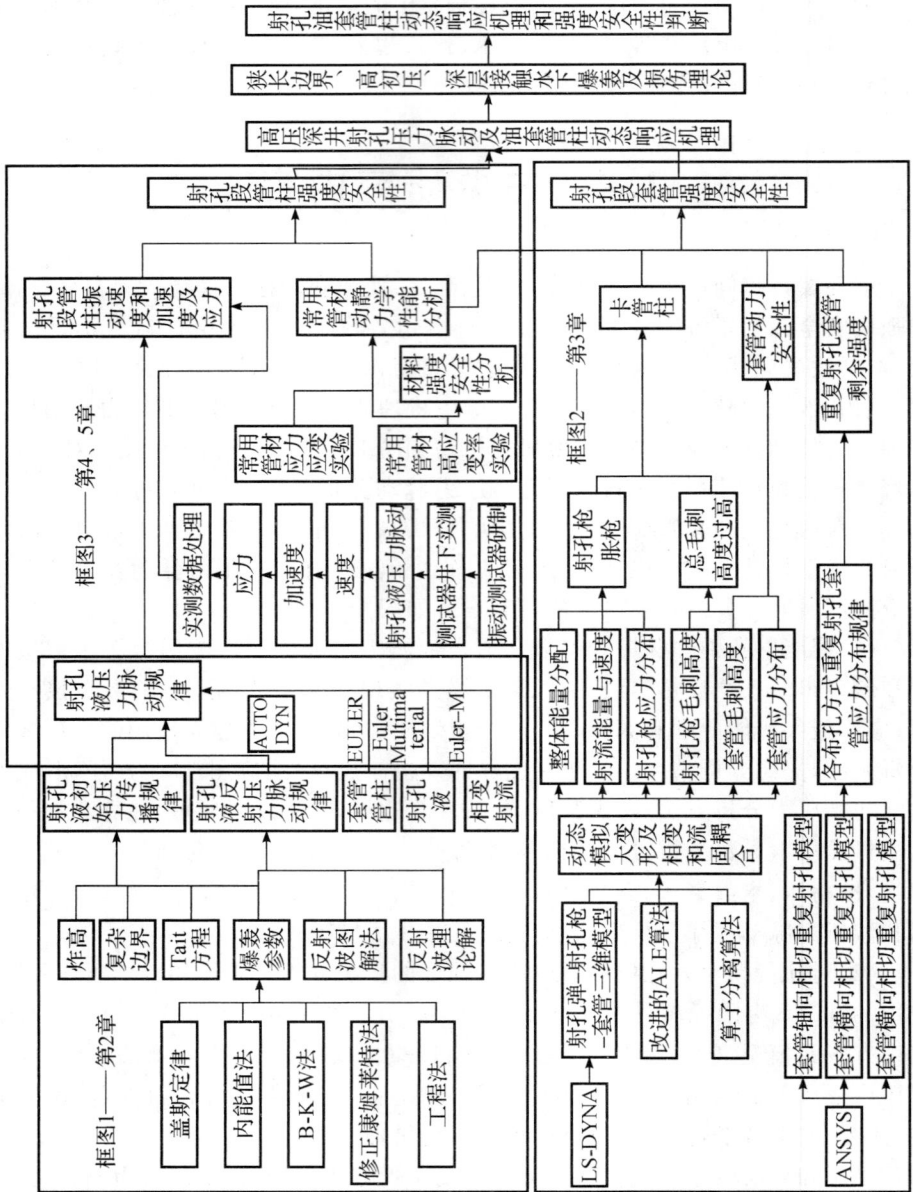

图1-7 高压深井射孔压力脉动及油套管柱动态响应机理研究思路

（3）射孔激励下射孔段管柱动态响应机理研究。应用振动力学悬臂梁理论，建立射孔载荷下管柱基本动力学模型，推导管柱振动微分方程，使用分离变量法求解得到管柱动态响应关系式；应用 ANSYS 软件的 AUTODYN 模块，用欧拉（Euler）和 Euler – Multimaterial 耦合算法，分析射孔液压力脉动激励下射孔段管柱的动态响应机理。以常用 P110S 管材为例，首次进行高应变率下的力学性能实验，分析不同应变率冲击下管材的强度降低系数。

（4）高压深井射孔液压力脉动及管柱振动井下测试研究。克服高温高压下高频采样和大量程加速度测量难题，研制"射孔液压力脉动及管柱振动井下测试器"，将测试器随射孔–测试联作管柱下到数千米的井下，连续测取射孔过程中射孔液脉动压力和管柱振动加速度，对比井下测试与数值分析结果，验证应用 Euler 和 Euler – Multimaterial 耦合算法模拟射孔爆轰分析的可行性。

第 2 章　聚能射孔弹炸药爆轰
参数和射孔液压力脉动分析

为了进行高压深井射孔液压力脉动和油套管柱动态响应及强度安全性分析,首先需准确计算能量源,即射孔弹炸药爆轰参数,为射孔液压力脉动分析提供基础数据。本章应用米海尔里逊(Michelison)方程和爆轰组分平均比热容法,引入最大爆热实现程度系数,修正爆容、爆热和爆温;基于最大释能原理和康姆莱特(Kamlet)法分析爆压和爆速;考虑射孔液高压和狭长套管边界对冲击波传播的影响,考虑射孔弹排列干扰,考虑相变界面冲击波的连续性,基于 Tait 方程,形成冲击波初始压力分析方法;基于反射理论,建立射孔液和套管界面参数的近似图解法;基于反射波和初始波的叠加,建立射孔液压力脉动分析方法,为射孔段油套管柱动态响应分析提供载荷谱。

2.1　聚能射孔弹炸药爆轰参数分析

本节根据 CJ 面爆轰波方程组和米海尔里逊方程修正爆容计算公式;引入最大爆热实现程度系数,修正贝尔特洛(Berthelot)公式,改进爆热计算公式;根据能量守恒定律,结合爆轰产物的平均比热容理论,引入不完全氧化系数,改进并完善爆温计算公式;基于 Kamlet 法和最大释能原理,分析爆压和爆速。

2.1.1　爆轰产物平衡组分分析

炸药常由诸如 C、H、O、N、Al 元素组成,爆轰产物也包含多组分,如 CO_2、CO、H_2O、N_2、H_2 等气相产物和 C 和 Al_2O_3 等固相产物。炸药爆轰程度不同,爆轰产物的组分将存在差别,爆轰参数也将出现差异。常用的爆轰参数分析法主要有最小自由能法和平衡常数法。定温定压平衡时的最小自由能原理即为最

— 14 —

小自由能法,较之平衡常数法,精度较高,但计算过程繁复,常通过计算机编程实现多次循环和迭代计算。平衡常数法采用爆轰反应方程式分析爆轰产物的平衡组分,快捷简便,但精度略低。

建立准确的爆轰反应方程,是进行爆轰参数分析的前提。为此,要先确定炸药的原始化学式,然后将其划分为两个类别:负氧和正氧平衡炸药[133]。

第一类($d \geqslant 2a + b/2$)炸药的爆轰产物主要由 H_2O、CO_2、N_2 和 O_2 组成,NO 和 CO 等其他组分的含量不多,通常少于总体积的 1%。因此,这类炸药常采用最大释能原理,忽略微量的 NO 和 CO,分解反应为

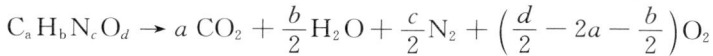

$$C_a H_b N_c O_d \rightarrow a CO_2 + \frac{b}{2} H_2O + \frac{c}{2} N_2 + \left(\frac{d}{2} - 2a - \frac{b}{2} \right) O_2$$

第二类炸药可分为两组:第一组($a + b/2 \leqslant d \leqslant 2a + b/2$)包括完全转变为气体的炸药;第二组包括部分转化为气体的炸药,另一部分将以自由碳形态析出。第一组原始炸药的爆轰产物主要由 CO_2、H_2O、N_2、H_2 组成,忽略水蒸气的解离作用,氢都氧化成水,产物中不存在自由氢。E. B. Wilsony 和 S. R. Brinkle 给出了该组炸药的分解反应方程式:

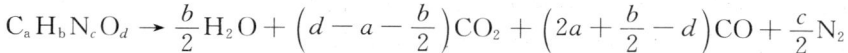

$$C_a H_b N_c O_d \rightarrow \frac{b}{2} H_2O + \left(d - a - \frac{b}{2} \right) CO_2 + \left(2a + \frac{b}{2} - d \right) CO + \frac{c}{2} N_2$$

第二组($a + b/2 \geqslant d$),因炸药氧含量不足,不能将碳完全氧化为 CO,将析出部分单质,常采用爆轰方程式 Brinkley-Wilson,将氢原子全部氧化,剩余氧气将碳氧化成 CO[134]。具体的反应方程式为

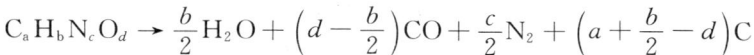

$$C_a H_b N_c O_d \rightarrow \frac{b}{2} H_2O + \left(d - \frac{b}{2} \right) CO + \frac{c}{2} N_2 + \left(a + \frac{b}{2} - d \right) C$$

炸药奥克拖今(HMX)、黑索今(RDX)的分子式和反应方程式见表 2-1。

表 2-1　HMX 和 RDX 的分子式与反应方程式

炸药类型	负氧平衡化学式	爆轰反应式
HMX	$C_4 H_8 N_8 O_8$	$C_4 H_8 N_8 O_8 \rightarrow 4 H_2O + 4CO + 4N_2$
RDX	$C_3 H_6 N_6 O_6$	$C_3 H_6 N_6 O_6 \rightarrow 3 H_2O + 3CO + 3N_2$

2.1.2　聚能射孔弹炸药爆容分析

单位体积聚能炸药中聚集的化学能较常规密度炸药的化学能高出两个数量级,爆轰温度 T_H 可达 4 000 K 量级,爆轰波压力 P_H 可达 40 GPa 量级,爆轰过程的持续时间非常短,约为 10^{-7} s 量级。通过实验方式研究聚能射孔弹炸药的

爆容十分困难,有必要开展理论分析。

初始炸药参数将影响 CJ 面处的爆轰波参数,依据动量、能量、质量守恒定律,结合产物物态方程和 CJ 条件,得到以下各式[134]:

$$p_H = \rho_0 D_{u_H} \qquad (2-1)$$

$$\rho_0 D = \rho_H (D - u_H) \qquad (2-2)$$

$$\left(\frac{\partial p}{\partial v}\right) = \frac{P_H}{v_H - v_0} \qquad (2-3)$$

$$E_H - Q = \frac{1}{2} P_H (v_H) \qquad (2-4)$$

$$P_H = f(\rho_H, T_H) \qquad (2-5)$$

$$E_H = E(P_H, P_H) \qquad (2-6)$$

式中:ρ_0 为炸药的初始密度,单位为 g/cm^3;ρ_H 为爆轰产物的密度,单位为 g/cm^3;D 为爆轰波阵面速度,单位为 km/s;u_H 为 CJ 面处粒子速度,单位为 km/s;P_H 为 CJ 面处爆轰波压力,单位为 MPa;v_0 为原始炸药的初始比容,单位为 cm^3/g;v_H 为 CJ 面处爆轰产物的比容,单位为 cm^3/g;E 为原始炸药的总比内能,单位为 J;E_H 为 CJ 面处爆轰产物的总比内能,单位为 J;Q 为爆轰产生的热能,单位为 J;T_H 为爆轰产物的温度,单位为 K。

当聚能爆轰时,波阵面上的爆轰产物的组成和特性参数很难获得。环境压力可达数十万大气压,很难由热力学关系式建立达到精度标准的分析方法,需参考成熟的实验结果数据。忽略初始内能 E_0 和压力 P_0,爆轰波动方程可写为

$$u^2 = P(v_0 - v) \qquad (2-7)$$

$$D^2 = \frac{v_0^2 P}{v_0 - v} \qquad (2-8)$$

$$-\left(\frac{\partial P}{\partial v}\right)_s = \frac{P}{v_0 - v} \qquad (2-9)$$

$$E(P, v) - Q = \frac{1}{2} P(v_0 - u_H) \qquad (2-10)$$

$$E = E(P, v) \qquad (2-11)$$

式中:v_0 为炸药初始比容,单位为 cm^3/g;v 为爆轰产物比容,单位为 cm^3/g;P 为爆轰波压力,单位为 MPa;u 为爆轰粒子速度,单位为 km/s;Q 为爆轰产生的热能,单位为 J。

在 CJ 面处,爆轰产物冲击绝热线和等熵卸载线的切线为米海尔里逊直线,其等熵指数为

$$k = \frac{v}{v_0 - v} \qquad (2-12)$$

$$k = -\left(\frac{\partial \ln P}{\partial \ln \nu}\right)_s = -\frac{\nu}{P}\left(\frac{\partial P}{\partial \nu}\right)_s \tag{2-13}$$

可用下式近似计算等熵指数 k：

$$k = \sum k_i w_i \tag{2-14}$$

式中：w_i 为爆轰产物 i 组分的比例系数，无量纲；k_i 为爆轰产物 i 组分的等熵指数，无量纲。

物质的等熵指数见表 2-2。

表 2-2　物质的等熵指数[134]

爆轰产物	CO_2	H_2O	C	N_2	CO
等熵指数	4.49	1.91	3.36	3.69	2.86

因此，建立爆轰产物体积和炸药体积的关系：

$$\frac{V_0}{V} = \frac{\rho}{\rho_0} = \frac{k+1}{k} \tag{2-15}$$

在标准状态下，1 kg 炸药的爆轰产物的体积称之为爆容。忽略固体产物体积，膨胀做功主要由气体产物贡献，爆容是衡量炸药爆轰做功的重要因素。常用射孔弹 RDX 和 HMX 炸药爆容，见表 2-3。

表 2-3　RDX 和 HMX 的爆容

炸药类型和 密度 $\rho_0/(\text{g} \cdot \text{cm}^{-3})$	理论值/$(\text{m}^3 \cdot \text{kg}^{-1})$	实验值/$(\text{m}^3 \cdot \text{kg}^{-1})$	相差/(%)
RDX(1.80)	0.92	0.90	2.01
HMX(1.90)	0.90	0.92	2.04

2.1.3　聚能射孔弹炸药爆热分析

经典的爆炸实验数据表明，爆热和密度之间线性相关：

$$Q = A + B\rho_0 \tag{2-16}$$

可用贝特洛（Berthelot）理论分析 $C_a H_b N_c O_d$ 炸药的峰值爆热[134]：

正氧平衡

$$Q_{max} = \frac{1000(28.9b + 94a + \Delta H_f^\ominus)}{M} \tag{2-17}$$

负氧平衡

$$Q_{max} = \frac{1000[28.9b + 47(d - b/2) + \Delta H_f^\ominus]}{M} \tag{2-18}$$

式中:$\Delta H_f^{\ominus}$ 为标准生成焓,可由相关热力学手册查阅得到,单位为 J/mol;M 为炸药摩尔质量,单位为 g/mol。

爆轰实验过程很难达到并释放最大爆热,即便是单质炸药,理论爆热也不是严格意义上的恒值,炸药初始密度对爆热的影响明显。引入爆热可能实现程度系数 λ,炸药的氧系数、初始密度、装药密度系数 β 均对 λ 的取值有影响:

$$\lambda = \begin{cases} 1, & \alpha_k \geqslant 1.4 \\ 1 - (0.508 - 0.165\rho_0)(1.4 - \alpha_k)^{1.4}\beta & 0.4 < \alpha_k < 1.4 \end{cases} \quad (2-19)$$

$$\alpha_k = \frac{d}{2a + b/2} \quad (2-20)$$

$$\beta = (\rho_0/\rho_{TMD})0.16 \quad (2-21)$$

据此,可修正并建立爆热分析公式:

$$Q_{\rho_0} = \lambda Q_{max} \quad (2-22)$$

式中:α_k 为聚能炸药的氧系数;$Q_{\rho 0}$ 为爆热,单位为 kcal/kg;Q_{max} 为最大可能实现爆热,单位为 kcal/kg;ρ_{TMD} 为最大可能实现装药密度,单位为 g/cm³。

用式(2-18)计算爆热的误差为 18.86%,原因是未考虑实际爆轰不能达到最大爆热的影响。用式(2-22)计算炸药(不包括低氧系数)的爆热,HMX 和 RDX 炸药的爆热计算结果见表 2-4,可以看出,爆热随初始密度的增大而增大,引入爆热实现程度系数 λ 后,爆热计算误差为文献[134]实验误差的 0.53%,提高了爆热分析精度。

表 2-4　HMX 和 RDX 的爆热

密度 ρ_0 /(g·cm⁻³)	实验值 /(kcal·kg⁻¹)	Q_{max} /(kcal·kg⁻¹)	相差/(%)	$Q_{\rho 0}$ /(kcal·kg⁻¹)	相差 /(%)
RDX(1.11)	1 189	1 483	24.58	1 196	0.51
RDX(1.81)	1 291	1 484	14.83	1 282	0.63
HMX(1.29)	1 209	1 477	22.03	1 214	0.35
HMX(1.89)	1 299	1 477	13.60	1 292	0.65
平均误差			18.79		0.54

2.1.4　聚能射孔弹炸药爆温分析

根据爆轰能量守恒:

$$E - E_0 = \frac{1}{2}(P + P_0)(\nu_0 - \nu) + Q_v \qquad (2-23)$$

忽略内能 E_0 和初始压力 P_0，则式（2-23）变为

$$E = \frac{1}{2}P(\nu_0 - \nu) + Q_v \qquad (2-24)$$

将爆轰产物看作理想气体，有

$$E = \int_{T_0}^{T} \overline{C_v} \mathrm{d}T \qquad (2-25)$$

对式（2-25）积分，得到

$$T/\alpha_k = T_0 + \left[\frac{1}{2}P(\nu_0 - \nu) + Q\right] / \overline{C_v} \qquad (2-26)$$

式中：ν 为爆轰产物比容，单位为 $\mathrm{cm^3/g}$；$\nu_0 = 1/\rho$，为炸药初始比容，单位为 $\mathrm{cm^3/g}$；$\overline{C_v}$ 为爆轰产物平均比热容，由表 2-5 计算平均值，单位为 $\mathrm{kJ/(kg \cdot ℃^{-1})}$；$\alpha_k$ 为氧系数，实际爆轰常产生某些离解产物，考虑对是否氧化充分的影响，引入不完全氧化系数 α_k；T 为爆轰温度，单位为 K。

按式（2-26）可得到常用 RDX 和 HMX 炸药的爆温，见表 2-5，误差小于 3%，由平均比热容法和能量守恒，可以建立炸药爆温计算方法，以提高爆温分析精度。

表 2-5　射孔弹常用 HMX 和 RDX 炸药的爆温

密度 $\rho_0/(\mathrm{g \cdot cm^{-3}})$	实验值/K	理论值/K	相差/(%)
RDX(1.80)	3 711	3 781	2.0
HMX(1.90)	3 112	3 020	−2.9

2.1.5　聚能射孔弹炸药爆压和爆速分析

通常采用康姆莱特法分析爆压[134]，康姆莱特法作为分析普通炸药爆压和爆速的传统方法，是基于传统 B-K-W 状态方程法的改进算法，主要基于大量的统计得到的半经验算法，计算方便、准确：

$$D = A(1 + B\rho)\psi^{1/2} \qquad (2-27)$$

$$P = 1.558\rho^2 \psi \qquad (2-28)$$

$$\psi = N\sqrt{\overline{M}Q_{\max}} \qquad (2-29)$$

式中：P 为爆轰压力，单位为 GPa；D 为爆轰速度，单位为 km/s，$A = 1.01$、$B = 1.3$；N 为 1 kg 炸药的气体产物摩尔数，单位为 mol/kg；ρ 为炸药密度，单位为 $\mathrm{g/cm^3}$；$\overline{M}$ 为气体组分平均摩尔质量，单位为 kg/mol；$Q_{\max}$ 为最大可能爆热值，单

位为 kcal/kg。ψ 是与气体产物摩尔数、平均摩尔质量有关的参数,无量纲

首先根据能量优先法确认爆轰组分,对于 $C_aH_bN_cO_d$ 炸药的正氧平衡,N、$\bar{M}$、Q 按下式计算:

$$N = \frac{b+2c+2d}{4M}, \bar{M} = \frac{56c+48d+4b}{b+2c+2d}, Q = \frac{1\,000(28.9b+94a-Q_B)}{M}$$

$$(2-30)$$

对于 $C_aH_bN_cO_d$ 炸药负氧平衡,满足最大释能原理,N、$\bar{M}$、Q 按下式计算:

$$N = \frac{b+2c+2d}{4M}, \bar{M} = \frac{88d-8b+56c}{b+2c+2d}, Q = \frac{1\,000[28.9b+47(d-b/2)-Q_B]}{M}$$

$$(2-31)$$

式中:Q_B 为标准生成热值,单位为 kcal/mol;M 为摩尔质量,单位为 g/mol。

根据式(2-27)~式(2-31)分析爆速和爆压,由表 2-6、表 2-7 可见,应用最大释能原理,是指自发的化学反应会趋向于向放出热量最多的方向进行,或者变形将沿着具有最大应变能释放率的方向扩展。采用最大可能爆热作为计算值,修正后的康姆莱特法计算爆压平均误差为 2.25%、爆速的平均误差为 0.48%,炸药的爆压和爆速随密度的增大而增大。

表 2-6　HMX 和 RDX 的爆压

装药密度 ρ_0/(g·cm^{-3})	$P_{Q_{\rho0}}$ 理论值/GPa	$P_{Q_{\rho0}}$ 实测值/GPa	相差/(%)
RDX(1.69)	32.99	33.79	2.36
RDX(1.79)	33.96	34.11	0.43
HMX(1.90)	38.12	39.01	2.28
HMX(2.00)	38.66	40.03	3.42
平均			2.12

表 2-7　HMX 和 RDX 的爆速

炸药类型	装药密度 ρ_0/(g·cm^{-3})	计算值/(km·s^{-1})	实验值/(km·s^{-1})	相差/(%)
RDX1	1.1	7.05	7.11	0.84
RDX2	1.7	9.13	9.17	0.43
RDX3	1.9	9.38	9.42	0.42
HMX1	1.1	7.06	7.10	0.56
HMX2	1.7	9.25	9.28	0.32
HMX3	2.0	10.11	10.15	0.39
平均				0.49

2.2 射孔弹爆轰和射流成型及能量转换规律研究

常规爆轰分为爆炸、形成爆轰气体、冲击波传播、形成金属射流,能量赋存于冲击波、爆轰产物和射流等阶段。爆轰波压力可达吉帕级,并携带巨大能量在射孔液中传播,形成脉动压力,将影响射孔段管柱和套管的强度安全性。

2.2.1 聚能射孔弹爆轰及传播规律模型

球面或柱面爆轰波在反应过程中反应区的半径不断变化,反应区流管面积也随之改变,因此爆速也发生变化。

在静止坐标系中考察球面或柱面爆轰波。设 $t=0$ 时波面的半径为 R,并且炸药在这里开始发生反应,$t=\tau$ 时化学反应完毕。在 τ 时间内,炸药的质点将从 R 处运动到 $R+u\tau$ 处。质点经过整个反应区时,流管面积变化为

$$\frac{A_2}{A_1} = \left(\frac{R \pm u\tau}{R}\right)^\alpha \qquad (2-32)$$

式中:u 为质点在反应区中的运动速度;对柱面爆轰波来说 $\alpha=1$,对球面爆轰波来说 $\alpha=2$;取"$-$"号时为收敛爆轰波,取"$+$"时为发散爆轰波。

化学反应区的厚度为

$$l = (D-u)\tau \qquad (2-33)$$

对于 G-J 爆轰,有

$$l = \alpha_J \tau \qquad (2-34)$$

将式(2-34)代入式(2-32),再考虑到 $u_J = \dfrac{D_J}{k+1}$ 和 $\alpha_J = \dfrac{k}{k+1}D_J$,则有

$$\frac{A_2}{A_1} = \left(1 \pm \frac{u_J}{\alpha_J}\frac{l}{k}\right)^\alpha = \left(1 \pm \frac{l}{k}\frac{l}{R}\right)^\alpha \qquad (2-35)$$

若假设反应区截面积变化不大,可得到下式:

$$\left(\frac{D_J}{D}\right)^2 = 1 + \frac{k^2}{k+1}\left[\left(\frac{A_2}{A_1}\right)^2 - 1\right] \qquad (2-36)$$

将式(2-35)代入式(2-36),得

$$\left(\frac{D_J}{D}\right)^2 = 1 + \frac{k^2}{k+1}\left[\left(1 \pm \frac{1}{k}\frac{l}{R}\right)^{2\alpha} - 1\right] \qquad (2-37)$$

对球面爆轰波,当 $\dfrac{l}{k}\ll 1$ 时,将式(2-37)展开,可以得到:

$$\left(\frac{D_J}{D}\right)^2 = 1 \pm \frac{4k}{k+1}\frac{l}{R} \quad 或 \quad \frac{D_J}{D} = \sqrt{1 \pm \frac{4k}{k+1}\frac{l}{R}} \qquad (2-38)$$

将式(2-38)展开得

$$\frac{D_J}{D} = 1 \pm \frac{2k}{k+1}\frac{l}{R} \qquad (2-39)$$

由式(2-39)可知,球面爆轰波的爆速变化与反应区厚度 l 有关,也与波面半径 R 有关。当波面曲率半径 R 很大时,球面波趋近于平面波,则 $D=D_J$,此时非理想效应也趋于零,即趋近理想爆轰。例如,对于 $k=3$,$l=1$ mm,$R=300$ mm 的球面爆轰波,由式(2-39)可以得出 $\frac{D_J}{D}=1\pm0.005$,这表明此时爆轰偏离理想爆轰 0.5%。可见,当反应区厚度很小,波阵面曲率半径很大时,实际爆轰十分接近于理想爆轰的情形。

从式(2-39)还可以看出:对于球面发散爆轰波,其爆速 D 小于理想爆速 D_J;对于收敛球面爆轰波,其爆速 D 大于理想爆速 D_J。

对于柱面爆轰波,同样可以得到

$$\frac{D_J}{D} = 1 \pm \frac{k}{k+1}\frac{l}{R} \qquad (2-40)$$

图2-1所示为波的径向膨胀和尺寸效应对反应区的影响。斜线是未受影响的区域,其化学反应能未损失;剩余曲线是受影响区域,损失了能量,距离炸药越近,能量损失越大,反之越小。已经爆炸的轴线处炸药继续引爆未反应炸药,边缘的波阵面紧随先引爆的波阵面,使爆轰波保持曲面形状稳定传播。

$$D_x = D\cos\alpha = D\left(1 - \frac{x^2}{R^2}\right)^{\frac{1}{2}} = D\left(1 - \frac{1}{2}\frac{x^2}{R^2}\right) \qquad (2-41)$$

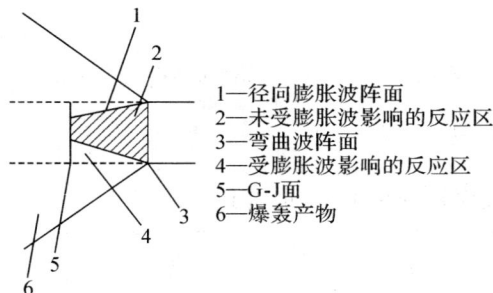

1—径向膨胀波阵面
2—未受膨胀波影响的反应区
3—弯曲波阵面
4—受膨胀波影响的反应区
5—G-J面
6—爆轰产物

图2-1　径向膨胀波对反应区的影响模型

图2-2为不同时刻的阵面图,D 是轴线爆速,D_x 为距轴线 x 的局部爆速,根据几何关系可以得到

图 2-2 所示为爆轰波阵面上局部爆速随距药柱轴线距离的变化,其中 ΔS 为波阵面面积变化量,mm^2。

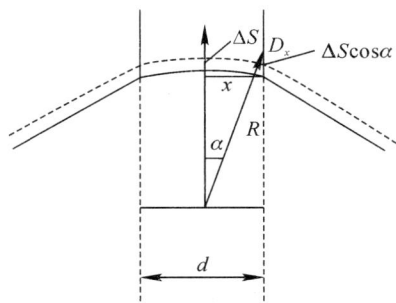

图 2-2　弯曲波阵面爆轰的传播

2.2.2　聚能射流成型的定常不可压缩理想流体模型

伯克霍夫[135]等人提出了聚能金属射流成型的相关理论,认为在聚能射流形成过程中,可将药型罩产生的射流视为不可压缩理想流体。

在爆轰压力作用下,压垮药型罩的过程如图 2-3 所示。OC 为药型罩初始位置,爆轰波作用在药型罩 A 点时,假定 A 点的压垮速度为 v_0、变形角为 δ,BC 与轴线的夹角称为压合角 β。假设药型罩上每个微元的压合速度均为 v_0,并以同方向运动;变形过程中药型罩长度保持不变,即 $AC=BC$。E 点和 B 点均为 G 点和 A 点到达轴线时的接触点,运动速度 v_1 不变。

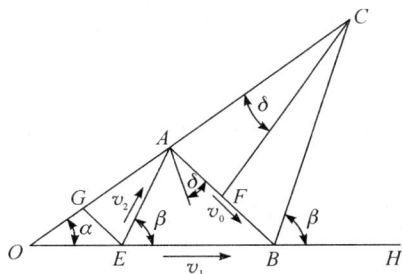

图 2-3　射流成型定常理论示意图

假定每个微元的压力与体积动能之和为恒值,可用伯努利方程分析定常不可压缩理想流体,得到射流速度和杆体速度都为 v。设右向为正,在静坐标系中,有:

射流速度：

$$v_\mathrm{j} = v_1 + v_2 \qquad (2-42)$$

杆体速度：

$$v_\mathrm{s} = v_1 - v_2 \qquad (2-43)$$

若射流微元质量为 m_j、药型罩微元质量为 m、杆体微元的质量为 m_s，则由质量守恒定理得

$$m = m_\mathrm{j} + m_\mathrm{s} \qquad (2-44)$$

在射流轴线上，由动量守恒：

$$-mv_2\cos\beta = m_\mathrm{j}v_2 - m_\mathrm{s}v_2 \qquad (2-45)$$

将式（2－44）和式（2－45）联立可得

$$m_\mathrm{j} = \frac{1}{2}m(1-\cos\beta)m\sin^2\frac{\beta}{2} \qquad (2-46)$$

$$m_\mathrm{s} = \frac{1}{2}m(1+\cos\beta)m\cos^2\frac{\beta}{2} \qquad (2-47)$$

在三角形 ABE 中，由正弦定理可得

$$\frac{v_1}{\sin[90°-(\beta-\alpha-\delta)]} = \frac{v_0}{\sin\beta} = \frac{v_2}{\sin[90°-(\alpha+\delta)]} \qquad (2-48)$$

则

$$v_1 = v_0\frac{\cos(\beta-\alpha-\delta)}{\sin\beta} \qquad (2-49)$$

$$v_2 = v_0\frac{\cos(\alpha+\delta)}{\sin\beta} \qquad (2-50)$$

可得

$$v_\mathrm{j} = \frac{1}{\sin\dfrac{\beta}{2}}v_0\cos\left(\frac{\beta}{2}-\alpha-\delta\right) \qquad (2-51)$$

$$v_\mathrm{m} = \frac{1}{\cos\dfrac{\beta}{2}}v_0\cos\left(\alpha+\delta-\frac{\beta}{2}\right) \qquad (2-52)$$

聚能射流拉伸过程中存在速度梯度，头部与尾部速度相差很大，射流断裂。

2.2.3 不可压缩准定常理想流体聚能射流模型

Pugh[136]修正了伯克霍夫（Birkhoff）的理论缺陷，得到了不可压缩准定常理想流体模型。顶部微元体的压垮速度最大，顶部到底部呈递减趋势，形成射流速度梯度。

根据假设，药型罩每个微元的 m、v_0、β、δ 固定不变，最终的 m_j、m_s、v_j、v_s 也不变。药型罩微元质量由顶部到底部逐渐增大，v_0、β、δ 也是变化的。

如图 2-4 所示，点 P 和 P' 分别为药型罩上不同的单位微元；U_d 为炸药的爆速；爆轰波从顶端 O 点顺序到达底端 Q 点。P' 处较 P 处的压垮速度小，微元 P 运动到 M 处，但压垮角不同。沿着 PA 药型罩被压垮形成金属射流，$QJ = QP$，$PA /\!/ QJ$。

如图 2-5 所示，使用拉格朗日坐标系，绘出运动交汇点 J 处的集合。v_0 为压垮速度，v_1 是滞止点速度，中间值；v_2 是射流速度，有效值。

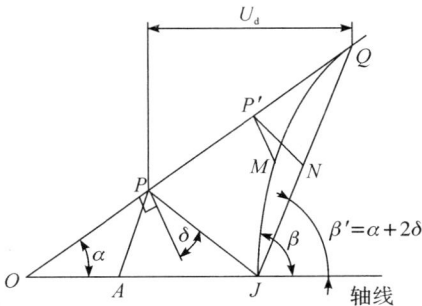

图 2-4　基于 PER 的药型罩被压垮的某一状态　　　　图 2-5　压垮点的速度关系

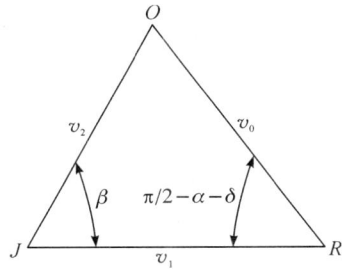

在三角形 OJR 中，利用正余弦定理可以得出：

$$v_1 = \frac{v_0 \cos(\beta - \alpha - \delta)}{\sin\beta} \tag{2-53}$$

$$v_2 = \frac{v_0 \cos(\alpha + \delta)}{\sin\beta} \tag{2-54}$$

杵体速度 v_s 和射流速度 v_j 与不可压缩定常理想流体的分析相同，将式（2-53）～式（2-54）代入得到

$$v_j = v_0 \csc\frac{\beta}{2}\cos\left(\frac{\beta}{2} - \alpha - \delta\right) \tag{2-55}$$

$$v_m = v_0 \sec\frac{\beta}{2}\sin\left(\alpha + \delta - \frac{\beta}{2}\right) \tag{2-56}$$

式中：$\delta = \beta - \alpha$，利用格尼模型计算压垮速度 v_0。

设药型罩形成的射流质量为 $\mathrm{d}m_j$，单位微元质量为 $\mathrm{d}m$；杵体质量设为 $\mathrm{d}m_s$，根据质量守恒定理：

$$\mathrm{d}m = \mathrm{d}m_j + \mathrm{d}m_s \tag{2-57}$$

在聚能射流的中轴线上，根据动量守恒可得

$$\mathrm{d}mv_2\cos\beta = -\mathrm{d}m_j v_2 + \mathrm{d}m_s v_2 \tag{2-58}$$

结合质量守恒和动量守恒,可以得到射流和杵体的质量:

$$dm_j = \frac{1}{2}(1 - \cos\beta)dm = \sin^2\left(\frac{\beta}{2}\right)dm \qquad (2-59)$$

$$dm_s = \frac{1}{2}(1 - \sin\beta)dm = \cos^2\left(\frac{\beta}{2}\right)dm \qquad (2-60)$$

2.2.4 聚能射孔弹爆轰射流模型及能量转换规律分析

聚能射孔弹爆轰能量主要转换为:①冲击波能量;②爆轰气泡能量;③弹壳碎片的能量;④射流能量;⑤其他损失。射流能量是形成孔眼的有用能量,称之为射孔"有效能量"[137]。射孔弹间爆轰波的干扰和叠加将影响能量在产物和金属射流之间的分配,使射孔弹射流能量增大,爆轰产物能量减小。产物和爆轰波能量只占总能量的一部分,随装药量增加,其占能比线性递增,拟合公式为

$$W = (0.316\,24 + 0.001\,8M) \times 100\% \qquad (2-61)$$

式中:M 为装药量,单位为 g;W 为爆轰波和产物能量占总能量的百分比。

将冲击波能量和爆轰产物能量叠加,并将其等效为同等能量的球形炸药,其等效能量称为"当量能量",该炸药包质量称为"当量质量"。表 2-8 为某常用的射孔弹(装药为 45 g HMX)能量分布,用式(2-61)计算得到该射孔弹冲击波和产物能量值为 76.3 kJ,占总能量的 39.77%。

表 2-8 聚能射孔弹算例能量分布

总能量值	爆轰气体能		波动能		射流能	
	能量值	百分比	能量值	百分比	能量值	百分比
kJ	kJ	%	kJ	%	kJ	%
191.8	33.4	17.41	42.9	22.36	29.1	15.22

2.3 水下爆轰类型及其对
冲击波压力的影响分析

2.3.1 不同爆距水下爆轰类型的划分

射孔爆轰属于水下爆炸问题,根据爆距不同,可分为接触水下爆轰、近中场

水下爆轰以及远场水下爆轰。三类爆轰的压力载荷与损伤特性存在差异,导致不同爆轰的研究成果无法通用。因此,要确定射孔弹爆轰对套管不同位置的爆炸类型的分类,以比例距离 r 作为分类判据:

$$r = \frac{R}{r_0} \qquad (2-62)$$

式中:R 为爆距,单位为 mm;r_0 为球形装药药包半径,单位为 mm。

以 TNT(密度 1.6 g/cm³)炸药为例,接触爆炸 $r \leqslant 6$,中近场爆炸 $6 \leqslant r \leqslant 12$,远场爆炸 $r \geqslant 12$。球形 TNT 药包的半径[138]:

$$r_0 = \left(\frac{3m \cdot 10^3}{4\pi \times 1.6}\right)^{1/3} \approx 5.3 m^{1/3} \qquad (2-63)$$

单枚弹 HMX 装药质量为 15.2 g,转换为 TNT 的当量质量为 18.2 g。代入式(2-63)可得 TNT 装药半径 $r_0 = 14$ mm。

$$m = \frac{Q_{HMX}}{Q_{TNT}} m_{HMX} = \frac{5.442 \text{ kJ/g}}{4.200 \text{ kJ/g}} \times 15.2 \text{ g} = 18.2 \text{ g} \qquad (2-64)$$

射孔套管为圆柱壳形边界,依次编号射孔弹,对称位置距离相等的编号相同,如图 2-6 所示。套管内径为 152.5 mm,弹间距为 62.5 mm,采用 16 孔·m⁻¹ 射孔,按式(2-46)计算爆距,见表 2-9。0 号弹对 A 点为接触爆轰,1~2 号射孔弹对 A 点为近场爆轰,3 号及更远弹对 A 点为中远场爆轰。

$$R_i = \sqrt{(62.5 \times i^2) + 76.25^2} - 14 \quad i = 0,1,2\cdots \qquad (2-65)$$

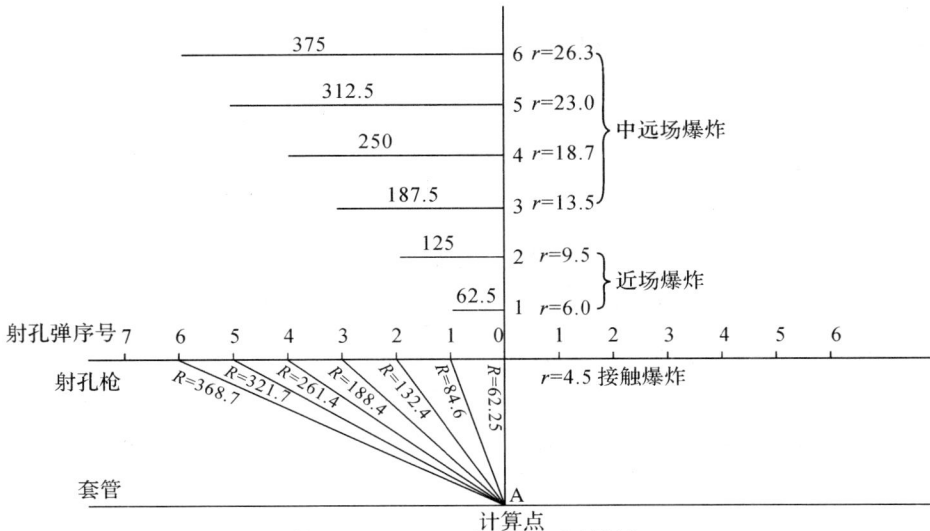

图 2-6　爆距划分爆轰类型示意图

表 2-9　射孔爆轰类型划分

序　号	0 号	1 号	2 号	3 号	4 号	5 号
爆距/mm	62.25	84.6	132.4	188.4	261.4	321.7
比例距离	4.5	6.0	9.5	13.5	18.7	23.0
水下爆轰类型	接触爆轰		近中场爆轰		远场爆轰	

2.3.2　爆轰距离对初始波压力的影响分析

波传到与射孔液交界面处，气体急速扩散[139]，形成初始冲击波，其强度取决于密度、可压缩性等介质特性和爆速、爆压和爆轰产物密度等参数。

爆轰产物和介质交界面处，波阵面弯曲度很小，因此，可假定为平面爆轰波正入射至交界面。较早的实验表明，爆轰密度大于 1 g/cm³ 经典猛炸药的水下爆炸将形成稀疏波，因此，假设界面上的初始压力 P_x 小于波阵面压力 P_H，当爆轰产物流出时，爆轰产物密度和压力降低幅度很小，可忽略爆轰产物等熵指数的变化。冲击波传到界面前后的压力分布分别如图 2-7(a)(b)所示。

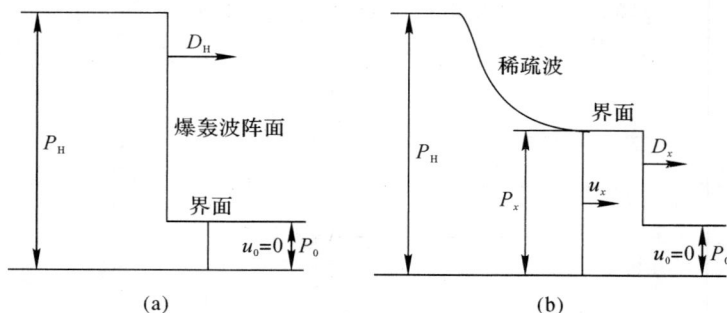

图 2-7　爆轰波到达交界面前后的压力分布

(a)到达前的压力分布图；(b)到达后的压力分布图

图 2-7 中所示的连续性条件为

$$u_x = u_H + \Delta u \tag{2-66}$$

式中：u_H 为波阵面后爆轰产物速度，单位为 m/s；u_x 为界面的速度，单位为 m/s；Δu 为稀疏波中爆轰产物速度梯度增量，单位为 m/s。

Δu 按下式计算：

$$\Delta u = \int_{P_x}^{P_H} \frac{\mathrm{d}P}{\rho c} \tag{2-67}$$

式中: c 为爆轰产物中的声速, 单位为 m/s; ρ 为介质密度, 单位为 g/cm³; P 为爆轰波从炸药向液体渡越的压力值, 单位为 MPa。

假设爆轰气体遵循等熵膨胀定律的扩张规律, 密度 ρ 和压力 P 之间:

$$P = a\rho^n \tag{2-68}$$

式中: n 为炸药的特性常数, $n = 3$。

该类爆轰存在如下关系:

$$u_{\mathrm{H}} = \frac{D}{n+1} \tag{2-69}$$

$$c_{\mathrm{H}} = \frac{nD}{n+1} \tag{2-70}$$

$$\rho_{\mathrm{H}} = \frac{n+1}{n}\rho_0 \tag{2-71}$$

$$P_{\mathrm{H}} = \frac{\rho_0 D^2}{n+1} \tag{2-72}$$

$$c = \sqrt{an\rho^{n-1}} \tag{2-73}$$

由式 (2-68)~式 (2-73):

$$\Delta u = \frac{2nP_{\mathrm{H}}}{(n-1)\rho_{\mathrm{H}}c_{\mathrm{H}}}\left[1 - \left(\frac{P_x}{P_{\mathrm{H}}}\right)^{(n-1)/2n}\right] \tag{2-74}$$

考虑到 $c_{\mathrm{H}} = nD/(n+1)$, $nP_{\mathrm{H}} = \rho_{\mathrm{H}}c_{2\mathrm{H}}$, 式 (2-74) 变为

$$u_{\mathrm{H}} = u_x = \sqrt{(p_x - p_0)(v_{x0c} - v_x)} \tag{2-75}$$

将式 (2-69) 和式 (2-75) 代入式 (2-66) 得到

$$P = A\left[\left(\frac{\rho_c}{\rho_{0c}}\right)^m - 1\right] \tag{2-76}$$

则冲击波阵面后介质的速度为

$$u_x = \sqrt{P_x v_{0c}\left(1 - \frac{v_x}{v_{0c}}\right)} = \sqrt{\frac{P_x}{\rho_{0c}}\left[1 - \left(1 + \frac{P_x}{A}\right)^{-1/m}\right]} \tag{2-77}$$

式中: v_{0c} 为波阵面前射孔液比容, 单位为 cm³/g; v_x 为波阵面上的比容, 单位为 cm³/g。

Tait 物态方程可以描述流体的冲击压缩规律, 并具有足够的分析精度[143]:

$$p = A\left[\left(\frac{\rho_c}{\rho_{0c}}\right)^m - 1\right] \tag{2-78}$$

式中: ρ_{0c} 为冲击波阵面前射孔液的密度, 单位为 g/cm³; A 为实验测定参数, $A = 307.7$ MPa; m 为实验测定参数, $m = 7.15$。

将式 (2-76)~式 (2-78) 组成方程组, 可解得 u_x 和 P_x。再联立式 (2-77) 和式 (2-78), 可将比容折算为密度:

$$u_x = \sqrt{P_x v_{0c}\left(1 - \frac{v_x}{v_{0c}}\right)} = \sqrt{\frac{P_x}{\rho_{0c}}\left[1 - \left(1 + \frac{P_x}{A}\right)^{-1/m}\right]} \qquad (2-79)$$

此外,射孔液中波阵面上冲击波速 D_{II} 可按下式分析:

$$D_{\mathrm{II}} = \frac{P_x}{\rho_{0c} u_x} \qquad (2-80)$$

以 TNT 炸药为例,冲击波的初始参数见表 2-10。

表 2-10　冲击波的初始压力值

炸药	$\dfrac{P_{\mathrm{H}}}{\mathrm{GPa}}$	$\dfrac{\rho_0}{\mathrm{g \cdot cm^{-3}}}$	$\dfrac{D}{\mathrm{m \cdot s^{-1}}}$	$\dfrac{T}{\mathrm{K}}$	$\dfrac{P_x}{\mathrm{GPa}}$	$\dfrac{D_{\mathrm{II}}}{\mathrm{m \cdot s^{-1}}}$	$\dfrac{u_x}{\mathrm{m \cdot s^{-1}}}$	$\dfrac{\rho_x}{\rho_{0水}}$	$\dfrac{D_{\mathrm{II}}}{D}$
TNT	20.3	1.71	7 005	2 988	14.1	5 556	2 410	1.68	0.79

另外,还可用式(2-71)计算射孔液中冲击波的初始压力值,见表 2-11,比较表 2-10 中的数据,计算参数小于实际爆轰参数,但计算结果适用于分析较远区的爆轰。

$$u_x = \sqrt{\frac{2n}{n+1}} \frac{D}{n-1}\left[1 - \left(\overline{\frac{P_x}{P_{\overline{\mathrm{H}}}}}\right)^{(n-1)/2n}\right]$$

$$u_x = \sqrt{\overline{\frac{P_x}{\rho_{0c}}}\left[1 - (1 + \overline{\frac{P_x}{A}})^{-1/m}\right]} \qquad (2-81)$$

表 2-11　聚能爆轰冲击波初始压力值

炸药	$P_{\mathrm{H}}/\mathrm{GPa}$	$\rho_0/(\mathrm{g \cdot cm^{-3}})$	$u_x/(\mathrm{m \cdot s^{-1}})$	P_x/GPa	$\rho_x/\rho_{0水}$	$D_{\mathrm{II}}/(\mathrm{m \cdot s^{-1}})$
TNT	9.9	1.69	1 201	4.3	1.52	3 612

2.4　考虑套管边界的压力脉动规律研究

本节根据相变界面连续性和 Tait 方程,依据反射原理和叠加原理,建立压力脉动规律分析方法。

2.4.1　爆距对冲击波峰值压力的影响分析

接触爆轰时,小阵面弯曲度冲击波将作用于套管内壁面。文献[140]拟合了大量的相关爆轰实验数据,得到了水下爆轰波传播距离随时间变化的关系:

$$\frac{x}{D} = \sum_{i=1}^{n} A_i [1 - e(- B_i t)] + \frac{c_0}{D} t \tag{2-82}$$

式中：A_i 为衡量冲击波强度的系数；B_i 为衡量冲击波衰减时间的系数；c_0 为水中声速，单位为 1.5 km/s；D 为炸药的爆速，单位为 km/s。

文献[141]应用 LS-DYNA 分析了沿轴向的爆轰压力衰减规律，拟合建立了轴向压力衰减规律方程式：

$$P_m = P_h + 12.02 e^{-0.031x}, \quad x < 140 \text{ mm} \tag{2-83}$$

式中：P_h 为稳定后的压力，$P_h = 230$ MPa。

假设球形装药的半径为 r，柱形装药的高度为 h_1，$r = \frac{3}{4} h_1$，$R = \frac{1}{4} h_1 = \frac{1}{3} r$。

数千米的井下射孔，P_0 为射孔液静液柱压力，冲击波压力最终衰减到 P_0，P_{atm} 为大气压，假设原始深度为 h，初始压力可表示为

$$P_0 = P_{atm} + \rho g h \tag{2-84}$$

将式（2-84）代入式（2-82）和式（2-83），得到冲击波位移变化的解析表达式，得到压力峰值随爆距变化的解析表达式：

$$\frac{R - 1/3r}{D} = \sum_{i=1}^{n} A_i [1 - e^{(-B_i t)}] + \frac{c_0}{D} t \tag{2-85}$$

$$P_m = P_0 + P_x e^{-0.031(R-1/3r)} \tag{2-86}$$

式中：P_x 为冲击波初始压力，单位为 GPa；P_m 为爆距 R 处的压力峰值，单位为 GPa。

对式（2-82）求导即得到冲击波阵面传播速度随时间的变化关系：

$$\frac{u_s}{D} = \sum_{i=1}^{n} A_i B_i e^{(-B_i t)} + \frac{c_0}{D} \tag{2-87}$$

式中：u_s 为波阵面速度，单位为 km/s。

其中，$n = 2$，$A_1 = 7.2$，$A_2 = 4.9 \times 10^{10}$，$B_1 = 7.5 \times 10^{-2}$，$B_2 = 7.8 \times 10^{-13}$。

近、中远场冲击波压力峰值 P_m 为

$$P_m = K \left(\frac{m^{1/3}}{R} \right)^\alpha \tag{2-88}$$

式中：R 为爆距，单位为 m。比例距离 r 不同，K 与 α 值也有差别。$12 \leqslant r < 240$，$K = 5.2 \times 10^7$，$\alpha = 1.13$；$6 \leqslant r \leqslant 12$，$K = 4.4 \times 10^7$，$\alpha = 1.50$。$m$ 为装药质量，单位为 kg。

对于球形装药，$r = 14$ mm，装药质量为 18.1 g，静液柱初始压力为 $P_0 = 65$ MPa，冲击波初始压力为 $P_x = 4\,100$ MPa，分别代入式（2-85）和式（2-87），如图 2-4 所示，分析各点处峰值压力，代入式（2-88）分析波的传播速度，代入式（2-85）计算冲击波到达时间，结果如图 2-8、图 2-9 和图 2-10 所示。$r =$

4.5,即离射孔弹最近套管内壁面与射孔液界面处,峰值压力为 750 MPa。随爆距增大压力先迅速减小到 200 MPa,随后减小速度趋于平缓,并最终恢复到 P_0。由图 2-9 可知,波阵面传播速度的峰值为 4.17 km/s,出现在 $r=4.5$ 处,随后降为 1.79 km/s。由图 2-10 可知,冲击波到达 $r=4.5$ 处是 6 μs,其随爆距增大而增大。应用 MATLAB 拟合图 2-10 的曲线,建立关系式:

$$t = 8r - 30 \tag{2-89}$$

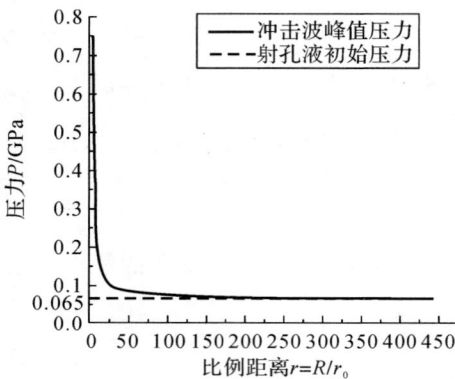

图 2-8　压力与爆距关系图　　图 2-9　波阵面传播速度随爆距变化曲线

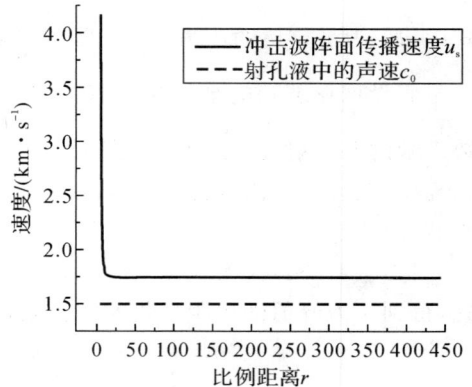

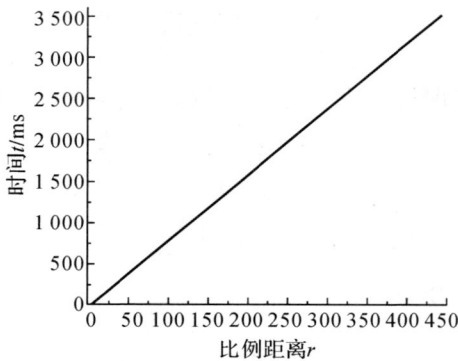

图 2-10　到达时间随爆距变化曲线

2.4.2　爆轰冲击波在套管界面反射规律研究

若冲击波由 A 物质传播到 B 物质,冲击波将从交界面向入射物质中反射冲击波或稀疏波[141]。当乙密度小于甲密度时,传播稀疏波,反之,则传播反射波。图 2-11 显示了两种情况的速度和压力[134]。如图 2-12 所示,若两介质冲击绝热线已知,则在 (P,u) 平面内,绘出两介质的 $P(u)$ 曲线以及 C 和 M(或 N)。则

点 a 为物质甲中的入射冲击波参数点,即 $P=P_a$,$u=u_a$。乙的冲击绝热线在甲下方,b 点压力降低、速度增大;反之将得到 M 曲线,d 点处压力增大,但速度减小,反射的是冲击波。射孔液流体和套管的冲击绝热线相关系数见表 2-12。

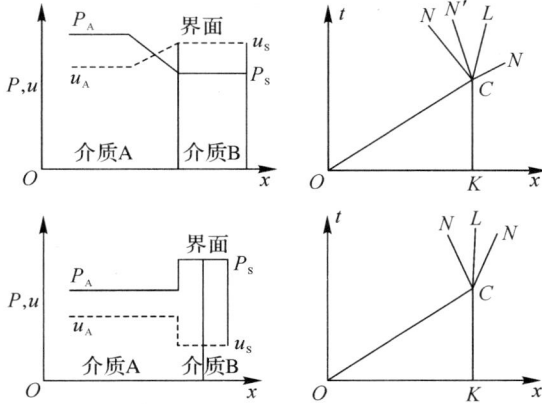

图 2-11　冲击波渡越时的速度和压力

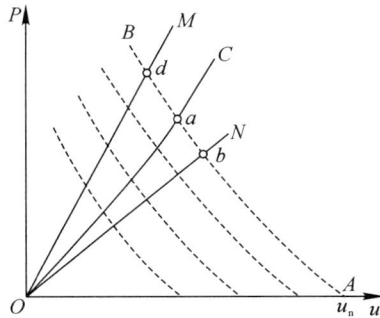

图 2-12　区分分界面时的近似图解曲线

假设冲击绝热线形式已知:

$$D=a+\lambda u \quad 或 \quad D=a+\lambda u+\lambda_0 u^2 \qquad (2-90)$$

表 2-12　冲击绝热线相关系数

物质类型	速度 a km·s^{-1}	密度 ρ_0 g·cm^{-3}	系数 λ	系数 λ_0 s·km^{-1}	u km·s^{-1}
射孔液流体	1.49	1.29	2.09	-0.10	$0 \leqslant u \leqslant 4.00$
	3.19	1.30	1.08	0	$u \geqslant 4.00$
套管材料	3.99	7.90	1.59	-0.02	$u \leqslant 7.19$

波阵面的动量和质量守恒方程式为

$$\rho_0 D = \rho(D - u) \tag{2-91}$$

$$P - P_0 = \rho_0 u D \tag{2-92}$$

式中：ρ 为波阵面上的介质密度，单位为 g/cm³；ρ_0 为物质初始密度，单位为 g/cm³；D 为冲击波速，单位为 km/s；u 为波阵面上的粒子速度，单位为 km/s；P 为波阵面上的压力，单位为 GPa；P_0 为波阵面前的压力，单位为 GPa。

联立式（2-90）和式（2-91），可得波阵面上粒子速度和压力关系为

$$P - P_0 = \frac{\rho \rho_0}{\rho - \rho_0} u^2 \tag{2-93}$$

将式（2-89）代入式（2-91）中，可得 $P = P(u)$ 形式的冲击绝热线方程

$$P - P_0 = \rho_0 (a + \lambda u + \lambda_0 u^2) u \tag{2-94}$$

如图 2-13 所示，根据式（2-93）绘制射孔液的冲击绝热线。射孔液压力为静液柱压力，波阵面上的粒子速度为 0，符合实际情况，随压力升高，粒子速度也提高，压力达到最大值 750 MPa，粒子速度达到 322 m/s。由图 2-14 可知，冲击波在套管中传播时，波阵面压力与粒子速度成正比。

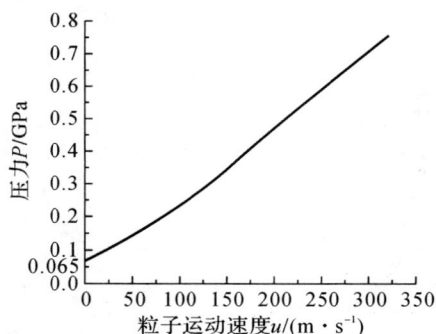

图 2-13　射孔液的冲击绝热线

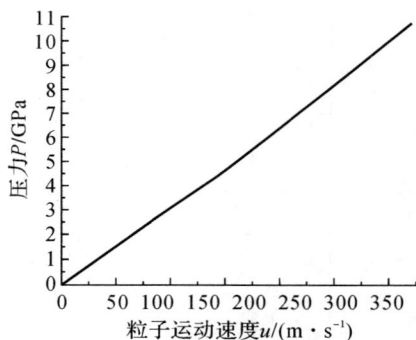

图 2-14　套管的冲击绝热线

另外

$$u = \frac{a(\rho - \rho_0)}{\lambda \rho_0 - (\lambda - 1)\rho} \tag{2-95}$$

将式（2-95）代入式（2-94）中，得冲击绝热线方程：

$$P - P_0 = \frac{a^2 \rho(\rho/\rho_0 - 1)}{[\lambda - (\lambda - 1)\rho/\rho_0]^2} \tag{2-96}$$

比容 $\nu = 1/\rho$，得 $P = P(\nu)$ 形式的物质冲击绝热线方程式：

$$P - P_0 = \frac{a^2 (\nu_0/\nu - 1)}{\nu [\lambda - (\lambda - 1)\nu_0/\nu]^2} \tag{2-97}$$

式中：ν 为波阵面后的比容，单位为 cm³/g；ν_0 为波阵面前的比容，单位为 cm³/g；

将相关射孔液参数代入式(2-97),如图 2-15(a)所示,绘制(P,v)平面内的射孔液等熵卸载曲线。当 $v=0.77$ cm³/g、密度为 1.3 g/cm³ 时,射孔液压力为 65 MPa,说明射孔液未压缩,符合实际情况。在 $v=0.4\sim0.6$ cm³/g 处,冲击波压力增大,而射孔液密度急速增加,由此说明,当射孔液被压缩到某一程度时,所需压力也迅速增大。当 $v<0.5$ cm³/g 时,射孔液压力随比容同方向变化;当 $v=0.5$ cm³/g 时,射孔液的性质发生了根本变化。实际应用如图 2-15(b)所示,可参考 $v=0.4$ cm³/g 和 $v=0.6$ cm³/g 时的等熵卸载线。

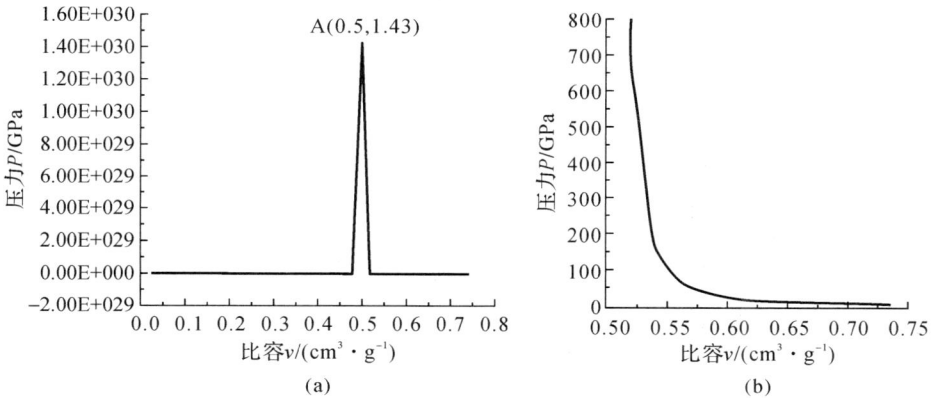

图 2-15　平面等熵卸载线

在冲击波从低到高的动力学阻抗物质中,压力升高 p_B,对应图中 d 点,然后将发生反射和透射,压力均为 P_B,如图 2-16 所示。反射波阵面与初始波卸载部分相遇,设其压力为 P_A',冲击波压力下降为 $P_r=P_B-P_A'$,随后波阵面继续向物质甲中传播[142]。显然,如图 2-16 所示,冲击波由射孔液向套管传播,射孔液中传播的是反射波。套管内壁面处,若冲击波入射即反射,反射波将立即与初始波相遇,即 $p_A=p_A'$,反向冲击波大小:

$$P_r = P_A - P_B \tag{2-98}$$

采用表 2-9 和表 2-12 的值,运用式(2-94)和式(2-96),绘制冲击波由射孔液传到套管内壁面的近似图解,如图 2-17 所示。依据图 2-16 分析反射波大小,分析结果见表 2-13。离射孔弹最近套管处的爆距为 62.3 mm,由式(2-96)分析求得峰值压力为 750 MPa。根据公式(2-94),求得射孔液波阵面上粒子速度为 $u_A=0.32$ km/s,对应图 2-17(a)中的 A 点,经 A 点作下半支 $P=P(v)$ 曲线 1 和 2,关于 $P=P(u)$ 对称并交于 B 点,可达 3 800 MPa 的高压。$R=307.7$ mm,反射波压力 $P_r=50$ MPa,低于 65 MPa,说明 $R=307.7$ mm,可忽略套管的反射作用。结果表明,采用 16 孔/m 射孔,某射孔弹周围的 4 颗弹将会影响该射孔弹爆轰效果。

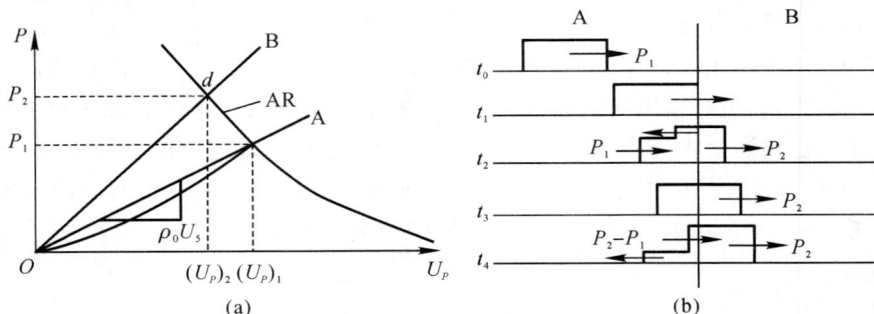

(a)

(b)

图 2-16 从低到高动力学阻抗冲击波传播示意图

(a)材料和压力的质点速度图;(b)爆轰应力波传播图

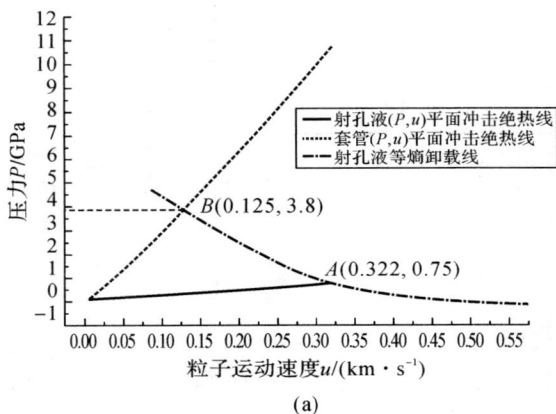

(a)

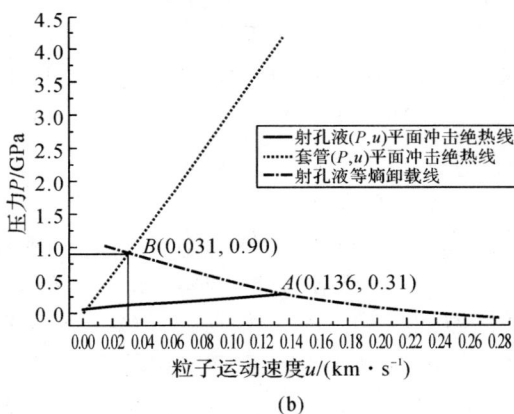

(b)

图 2-17 射孔液与套管界面关键参数近似图解法

(a)$R = 63.25$ mm;(b)$R = 85.4$ mm

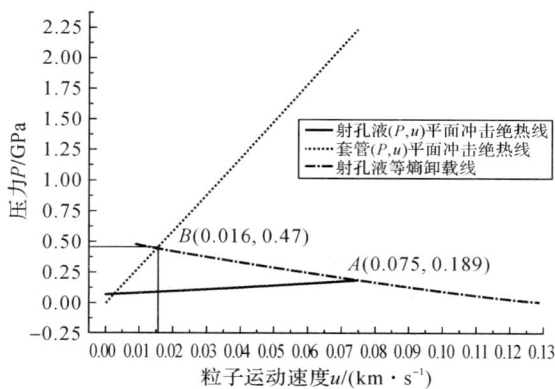

(c)

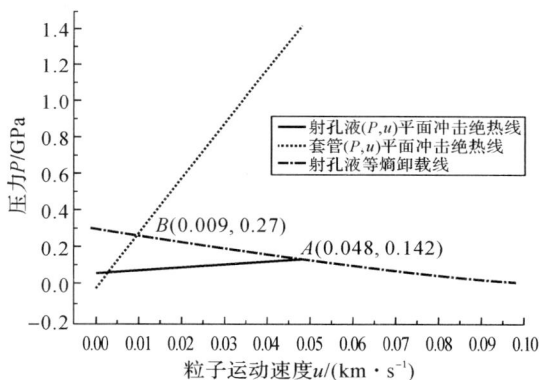

(d)

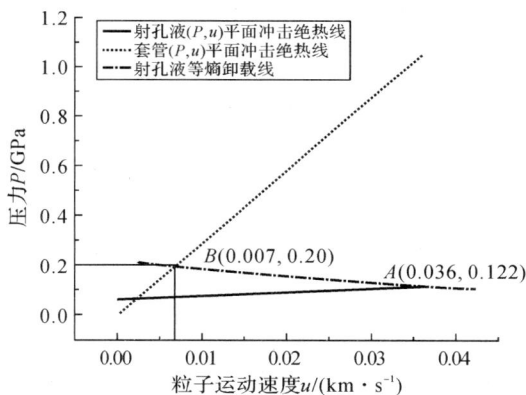

(e)

续图 2-17　射孔液与套管界面关键参数近似图解法

(c)$R=133.3$ mm；(d)$R=189.1$ mm；(e)$R=250.2$ mm

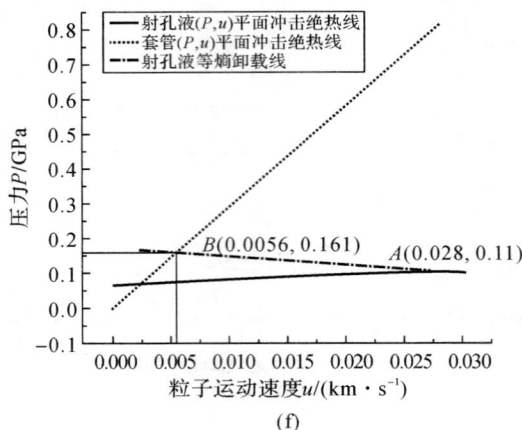

（f）

续图 2-17　射孔液与套管界面关键参数近似图解法

（f）$R = 310.1$ mm

表 2-13　冲击波关键参数

序号	R/mm	P_A/GPa	u_A/(km·s⁻¹)	p_B/GPa	u_B/(km·s⁻¹)	P/GPa
0 号	62.33	0.74	0.29	3.79	0.12	2.99
1 号	85.01	0.33	0.15	0.88	0.02	0.59
2 号	132.98	0.20	0.10	0.50	0.03	0.31
3 号	187.19	0.15	0.04	0.30	0.02	0.14
4 号	250.12	0.10	0.05	0.19	0.02	0.10
5 号	310.19	0.10	0.02	0.18	0.02	0.07

2.4.3　爆轰波弹间叠加和干扰特性研究

文献[147]的实验研究说明当多枚弹爆轰时,爆轰冲击波会在相邻两弹中点附近产生倾斜碰撞并相互叠加,但并非是简单加法。文献[147]采用了 2 发 8 号 TNT 当量为 1.07 g 的电雷管起爆,其间距介于 80～180 mm 之间。图 2-18 是雷管和传感器布局。测得的数据表明起爆时间对 3# 传感器压力影响不明显。见表 2-14,计算 $P_{3\#}/(P_{1\#} + P_{2\#})$ 及平均值,结果表明,叠加冲击波压力值是单发弹峰值压力和的 0.6 倍,可取叠加系数 $\lambda = 0.6$。

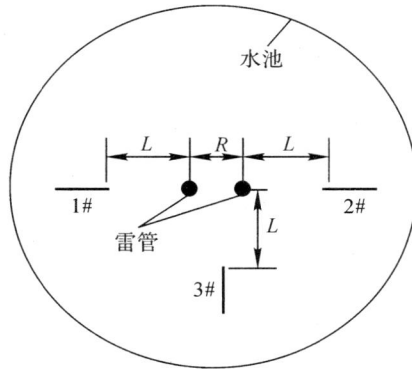

图 2 - 18　雷管和传感器布局

表 2 - 14　各记录点冲击波压力值

间距 /mm	1♯点压力 /MPa	2♯点压力 /MPa	3♯点压力 /MPa	$P_{3\sharp}/(P_{1\sharp}+P_{2\sharp})$ /MPa
80	12.02	12.41	14.29	0.61
100	11.05	11.75	13.42	0.61
140	10.78	10.07	13.10	0.59
180	9.96	9.99	12.88	0.58
平均				0.60

　　如图 2 - 18 所示,假设同号弹的冲击波在 0 号弹正对面套管和射孔液处叠加,因为同号弹的冲击波压力相同,叠加压力 P_a 为

$$P_a = 0.6 \times 2P_r = 1.2P_r \tag{2-99}$$

　　将表 2 - 14 中的 1～4 号弹冲击波压力值代入式(2 - 99),分析结果见表 2 -15。

表 2 - 15　直达反射波叠加效果值

压力/GPa	位置			
	1♯	2♯	3♯	4♯
P_r	0.60	0.30	0.12	0.08
P_a	0.69	0.35	0.16	0.10

2.4.4 直达波和反射波叠加后的压力脉动分析

根据文献[140]的爆炸载荷划分方式,压力脉动可分为 4 个阶段:①初始静液柱压力阶段;②爆轰压力急剧增长阶段;③指数衰减阶段,迅速衰减到极值的 1/3;④倒数衰减阶段,速率明显减缓,该阶段压力很小,压力的变化也很小,近似认为此段区域压力为 0。当冲击波到达某点时,压力瞬间跳跃到峰值,并以指数函数衰减为峰值的 $1/3$,θ 为衰减系数。射孔液中某一点的压力为

$$P(t) = P_\mathrm{m} \cdot \mathrm{e}^{-t/\theta} \quad 0 \leqslant t \leqslant \theta \tag{2-100}$$

θ 由实验确定[143]:

$$\theta = \begin{cases} 0.45 r_0 r^{0.45} \times 10^{-1}, & r \leqslant 30 \\ 3.5 \dfrac{r_0}{c} \sqrt{\lg r - 0.9}, & r > 30 \end{cases} \tag{2-101}$$

式中:r_0 为装药半径,单位为 mm;c 为射孔液中的声速,$c = 1\,500$ m/s。

从 1/3 压力峰值降低到初始压力阶段,压力变化的计算公式为

$$P(t) = 0.368 \times P_\mathrm{m} \times \frac{\theta}{t} \left[1 - \left(\frac{t}{t_p} \right)^{1.5} \right], \quad \theta \leqslant t \leqslant t_1 \tag{2-102}$$

各个计算参数为

$$t_1 = \frac{r}{c} \times \left[\frac{R}{r} - 11.4 + 1.06 \times \left(\frac{r}{R} \right)^{0.13} - 1.51 \times \left(\frac{r}{R} \right)^{1.26} \right]$$

$$t_p = \frac{r}{c} \times \left[850 \times \left(\frac{P_0}{P} \right)^{0.81} - 20 \times \left(\frac{P_0}{P} \right)^{1/3} + 11.4 - 1.06 \times \left(\frac{r}{R} \right)^{0.13} \right.$$

$$\left. + 1.51 \times \left(\frac{r}{R} \right)^{1.26} \right] \tag{2-103}$$

图 2-19 所示为射孔液与套管交界面处 0 号弹的射孔液压力脉动分析,该点压力包含 0 号弹冲击波反射压力 $P_0(t_0)$,也包含 1～4 号弹的冲击反射波 P_{ri}($i = 1, 2, 3, 4$),也包含该点处叠加压力 $P_i(t_i)$($i = 1, 2, 3, 4$),故该点射孔液压力脉动用下式计算:

$$\left.\begin{aligned}
P_0(t_0) &= P_{r0} \cdot \mathrm{e}^{(-t_0/\theta)}, & t_0 &= 0 \sim 8.3 \\
P_1(t_1) &= [P_0(t = 8.3) + P_{a1}] \cdot \mathrm{e}^{(-t_1/\theta)}, & t_1 &= 0 \sim 23 \\
P_2(t_2) &= [P_1(t = 23) + P_{a2}] \cdot \mathrm{e}^{(-t_2/\theta)}, & t_2 &= 0 \sim 31 \\
P_3(t_3) &= [P_2(t = 31) + P_{a3}] \cdot \mathrm{e}^{(-t_3/\theta)}, & t_3 &= 0 \sim 33 \\
P_4(t_4) &= [P_3(t = 33) + P_{a4}] \cdot \mathrm{e}^{(-t_4/\theta)}, & t_4 &> 0 \\
P(t) &= P_0(t_0) + P_1(t_1) + P_2(t_2) + P_3(t_3) + P_4(t_4) &
\end{aligned}\right\} \tag{2-104}$$

式中:P_{r0} 为 0 号弹反射压力,$P_{r0} = 3\,050$ MPa;θ 为时间衰减系数,$\theta = 12.3\ \mu\mathrm{s}$;

P_{ai}为第 i 号弹的反射波压力值,单位为 MPa。

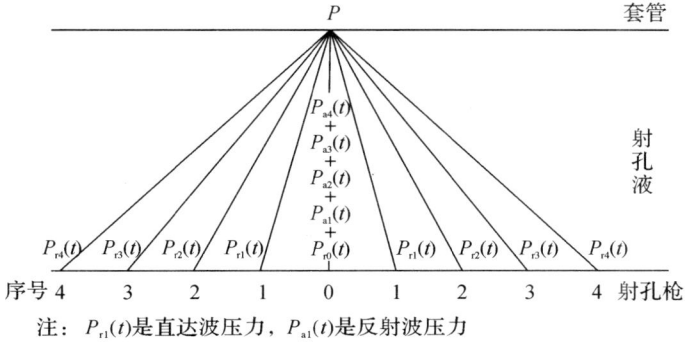

图 2-19 套管与射孔液界面处压力叠加关系

图 2-20 所示为式(2-94)的分析结果,冲击波瞬间压力达 3 049 MPa,随后以指数和倒数形式衰减,压力最终恢复为初始压力 65 MPa。图 2-21 所示为 1~4 号弹冲击波对总脉动压力的影响关系。压力瞬间达到 3 050 MPa,随后以指数函数衰减,直至衰减至 1 700 MPa。在 22.7 μs,1 号弹冲击波到达,叠加压力 P_{a1}升高到 2 029 MPa,然后再以指数衰减。2~4 号弹的影响与 1 号弹类似。对比考虑和不考虑弹间干扰的压力脉动曲线,弹间干扰使得射孔液压力存在数个波峰,增大压力脉动振幅和峰值;另外,单枚弹时压力恢复到初压的时间是 60 μs,多枚弹时是 90 μs,增加了 30 μs。

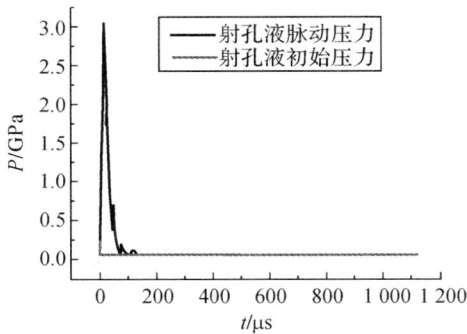

图 2-20 套管和射孔液交界面处射孔液压力脉动规律

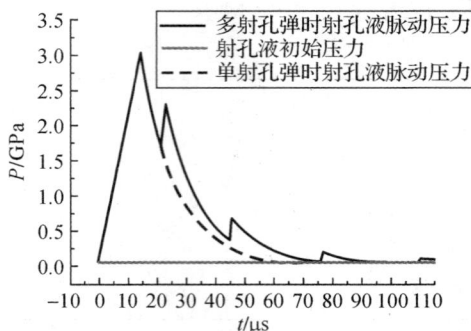

图 2-21　1～4 号弹对压力脉动的干扰曲线图

考虑到常用射孔枪弹结构相似性,图 2-21 中的射孔液压力脉动曲线可为其提供通用参考。式(2-84)即为考虑爆点距液面深、液柱压力大、狭长小空间边界限制、反射和叠加的射孔液压力脉动分析公式,可为射孔管柱的动态响应和动力强度安全性分析提供基础参数。

2.5　基于 Euler-Multimaterial 的聚能射孔液压力脉动流固耦合分析

应用 ANSYS 的 AUTODYN 模块,结合 Euler - Multimaterial 法,以某深井为例,射孔段油套管组合为 Φ177.80 mm × 12.65 mm TP140 套管和 Φ73.02 mm × 7.82 mm P110 管柱,建立长 11 m 的有限元模型。用 Euler 模型描述作为固壁边界的套管和射孔段管柱,用 Euler - Multimaterial 描述大变形射孔液和发生固液相变的射孔弹,模拟流固耦合作用。

2.5.1　管柱和套管及射孔液与射孔弹有限元动态模型建立

因工作站计算速度有限,故按比例缩小有限元模型,总长为 11 m,射孔段顶端至封隔器长 5 m,布置 16 颗射孔弹,相位角 60°,长度 1 m,射孔段以下长 5 m,轴向弹间距离 62.5 mm,采用球形装药,HMX 装药 45 g、密度 1.3 g/cm³、半径 20.2 mm。

封隔器下端坐标为(0,0),管柱底端坐标为(11 000,0)。设置(0,0)处为"Flow out"边界,物质和能量自由交换,设置位移为固定边界;设置(0,11 000)

为"刚性边界"。导爆索长度 80 mm,导爆索炸药 RDX 的爆速介于 7 000～
8 500 m/s之间,则相邻弹间的引爆间隔为 10 μs。如图 2 - 22 所示,套管节点数
为 4 513,单元数为 3 408;管柱节点数为 1 612,单元数为 988;射孔液节点数为
12 224,单元数为 12 121。

在模型中设置 9 个不同的观测点,如图 2 - 23 所示,记录冲击波在射孔液中
的传播及变化规律,表 2 - 16 所示为模型坐标及定位参数。

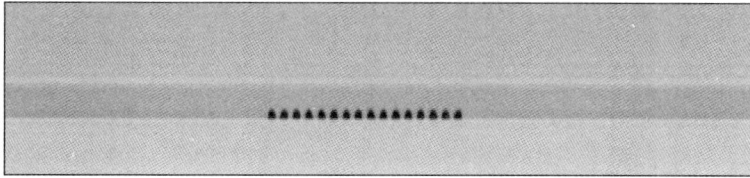

图 2 - 22　射孔弹井下爆炸数值计算模型

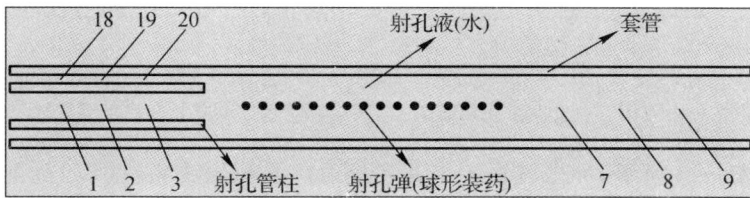

图 2 - 23　模型中观测点的位置

表 2 - 16　各记录点的坐标及定位参数

记录点编号	单元	节点	X 坐标/mm	Y 坐标/mm
1	262	1	1 000	0
2	512	1	2 000	0
3	762	1	3 000	0
7	2 012	1	8 000	0
8	2 262	1	9 000	0
9	2 512	1	10 000	0
18	262	35	1 000	56.4
19	512	35	2 000	56.4
20	762	35	3 000	56.4

2.5.2　射孔液密度和能量变化规律研究

（1）能量变化规律。不同位置处射孔液能量变化如图 2－24～图 2－26 所示。由图 2－24 可知，3 点离射孔弹较近，其应力首先达第一峰值，随后是 2 点和 1 点；到达第二峰值的顺序与第一次顺序相反，说明反射波的叠加作用显著影响射孔液压力。1 点处的能量峰值为 14 539 J/kg，是初始能量的 1.55 倍。

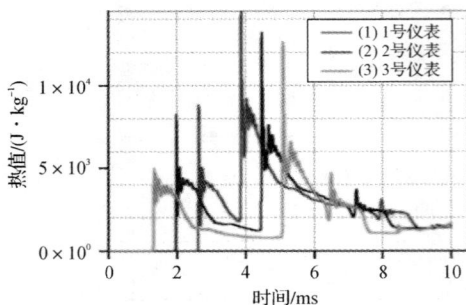

图 2－24　射孔弹上方记录点处能量变化曲线　　图 2－25　射孔弹下方记录点处能量变化曲线

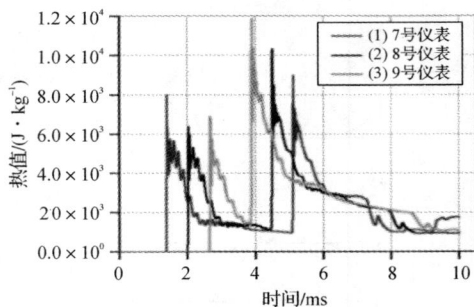

如图 2－25 所示，冲击波在人工井底反射后与初始波相遇，9 点处的峰值能量为 11 988 J/kg，是初始能量的 1.69 倍。如图 2－26 所示，在封隔器处，环空射孔液反射后与初始波相遇，能量值较初始波能量大；18 点的峰值能量为 9 237 J/kg，是初始波能量的 2.28 倍；1 和 18 点的峰值能量差 5 299 J/kg，管柱内是环空内射孔液能量的 1.59 倍。

综上所述，射孔液能量峰值出现在初始波与反射波叠加的时刻，距离人工井底或封隔器越近，发射叠加能越大，破坏性越强，这就是近封隔器处管柱振弯、振断的原因。

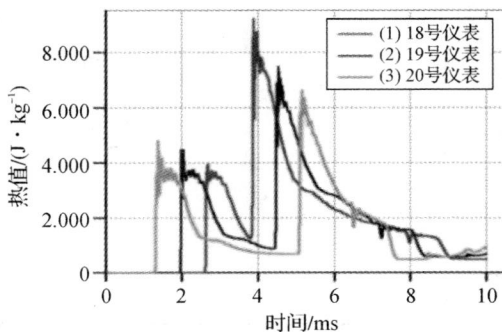

图 2－26　油套环空内记录点能量变化曲线

（2）射孔液密度变化规律。图 2-27～图 2-29 是射孔液密度随时间的变化规律。如图 2-27 所示，3 点在 3.9 ms 反射叠加后的密度达 1.45 g/cm³，较初始密度高 11.5%，较初次冲击波到达时高 2.1%；如图 2-28 所示，2 点在 3.9 ms时密度达 1.44 g/cm³，较初始密度高 10.8%，较初次冲击波到达时高 2.1%；如图 2-29 所示，1 点在 3.9 ms 时密度达到 1.42 g/cm³，较初始密度高 9.2%，较初次冲击波到达时高 2.9%。再次说明射孔液在封隔器界面反射波的叠加效应显著。

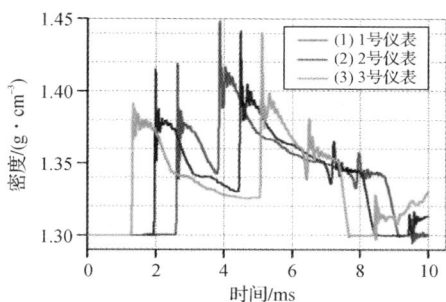

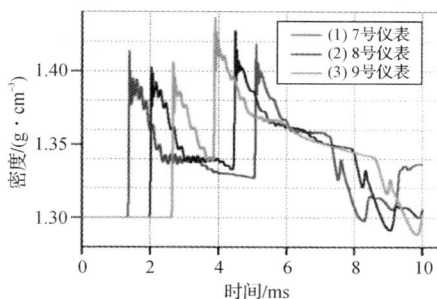

图 2-27　射孔弹正上方记录点密度变化曲线　　图 2-28　射孔弹正下方记录点密度变化曲线

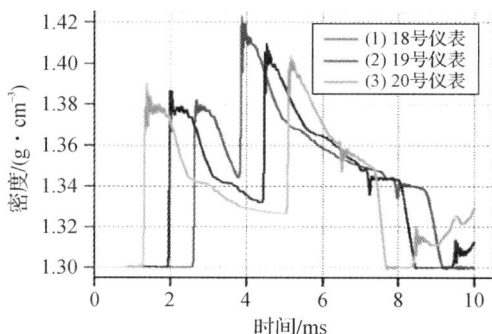

图 2-29　油套环空内记录点密度变化曲线

2.5.3　射孔液速度变化规律

图 2-30～图 2-32 是射孔液轴向速度变化规律。由图 2-30 可知，用时为 2 ms 的冲击波到达距射孔段顶端 3 m 的 2 点，传播速度为 1 500 m/s；1～3 点的速度峰值依次为 148 m/s、140 m/s 和 110 m/s，速度与封隔器距离成反比，分析

认为,射孔枪是内空腔,射穿后,上部射孔液回流进入枪管内,抵消了初始速度的一部分。封隔器反射后,因摩阻和反射波的消减,1点和2点反射后的速度分别为 75 m/s 和 120 m/s;3 点速度较原来增加到 125 m/s,分析认为,距离封隔器较远的 3 点,因反射叠加作用,速度累加。由图 2-31 可见,点 7、8、9 位于射孔段下端,速度分别为 138 m/s、124 m/s 和 126 m/s,与点 1、2、3 差别很小。由图 2-32 可见,点 18、19 和 20 处于环空液中,扰动较管柱中小,其速度分别为 85 m/s、95 m/s 和 105 m/s,较点 1、2、3 的速度分别相差 63 m/s、45 m/s 和 5 m/s。

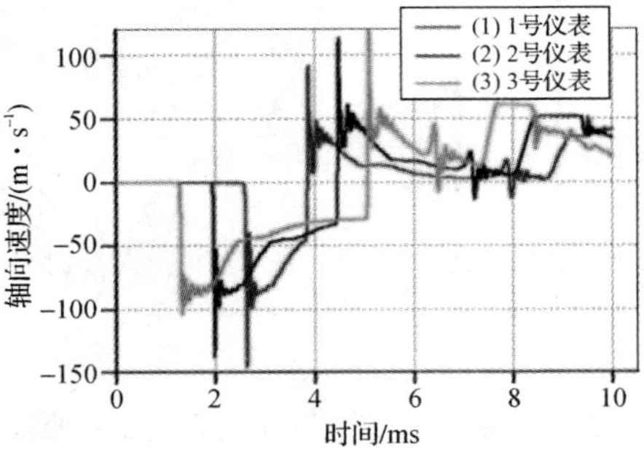

图 2-30　1、2、3 点轴向速度变化曲线 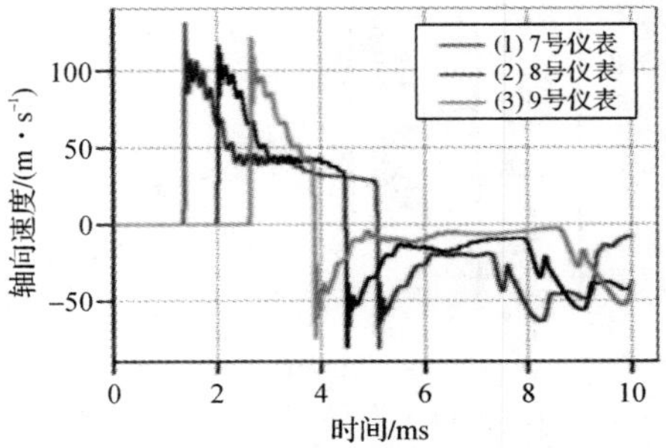　　图 2-31　射孔弹下方记录点轴向速度变化曲线

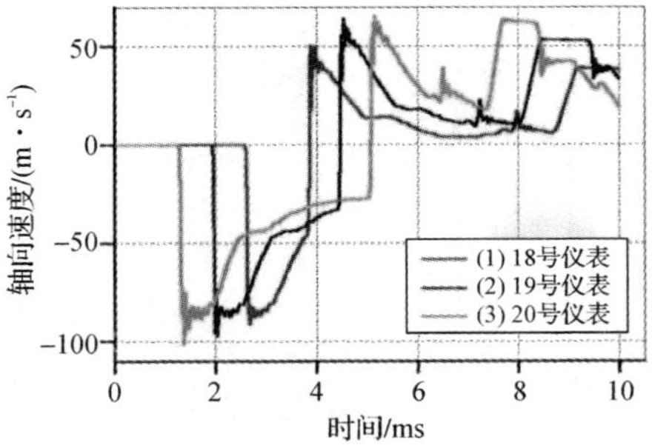

图 2-32　油套环空内记录点轴向速度变化曲线

　　射孔液不同位置处径向速度变化如图 2-33～图 2-35 所示,径向速度均不超过 5.3 m/s。射孔段上方管柱内峰值为 5.3 m/s,对称波动,距爆炸点越近速度越大。射孔段下方其径向速度峰值为 0.06 m/s,对称振动,距射孔弹越近速度越大。射孔段以上的环空液速度峰值为 4.6 m/s,对称振动,距爆炸点越近速度越大。

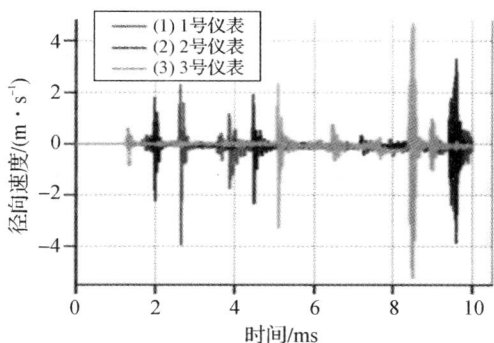

图 2 - 33　射孔弹上方记录点径向速度变化曲线

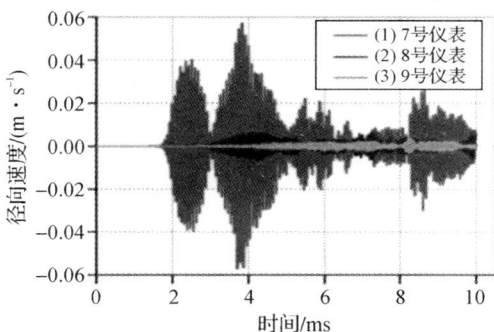

图 2 - 34　射孔弹下方记录点径向速度变化曲线

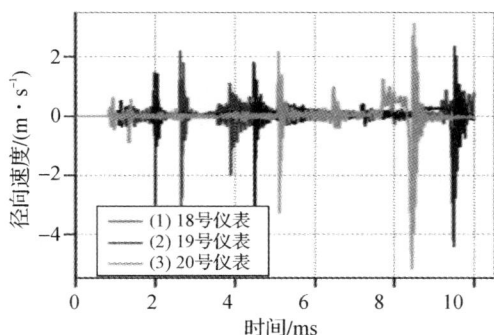

图 2 - 35　油套环空内记录点径向速度变化曲线

2.5.4　不同时刻射孔液压力分布规律分析

爆轰波冲击射孔液沿管柱轴向急速传播,在套管交界面上发生入射和反射叠加,图 2 - 36～图 2 - 39 分别是 1 ms、4 ms、7 ms 和 10 ms 时射孔液压力变化情况。由图 2-36 可以看出，射孔弹在 1 ms 内全部起爆，压力发生波动，压力峰值为 7 320 mm 处的 277 MPa。从图 2-37 可以看出，冲击波在 4 ms 内到达全部井筒各点，压力峰值为 1 210 mm 处的 414 MPa。从图 2-38 可以看出，冲击波在 7 ms 开始衰减，压力峰值为 2 310 mm 处的 152 MPa。由图 2-39 可以看出，5 410 mm 处在 10 ms 时压力峰值为 119 MPa。由此推断，压力脉动周期为 4ms。

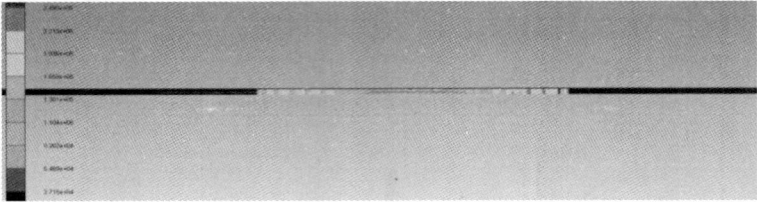

图 2-36　1 ms 时射孔液压力云图

图 2-37　4 ms 时射孔液压力云图

图 2-38　7 ms 时射孔液压力云图

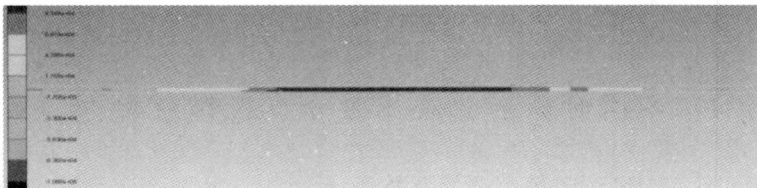

图 2-39　10 ms 时射孔液压力云图

2.5.5　不同位置处射孔液压力脉动规律分析

射孔液不同位置处压力脉动曲线如图 2-40～图 2-42 所示。点 1、2、3 的脉动压力初始值分别为 295 MPa、278 MPa 和 216 MPa,压力随距封隔器距离的减小而增大。经封隔器固定端面处反射,点 1、2、3 的峰值压力分别为 406 MPa、376 MPa 和 365 MPa,对比初始压力,升高了 190 MPa、98 MPa 和 70 MPa。点 7、8、9 位于射孔段下方,初压分别为 269 MPa、248 MPa 和 252 MPa。点 18、19 和 20 为环空射孔液中观测点,冲击波的扰动较小,各点的初压分别为 208 MPa、196 MPa 和 166 MPa,较点 1、2、3 压力降低了 87 MPa、82 MPa 和 50 MPa。

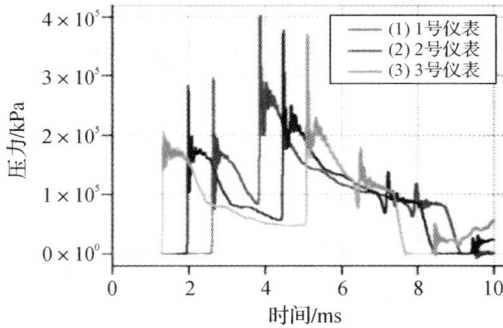

图 2-40　射孔弹上方记录点压力脉动曲线

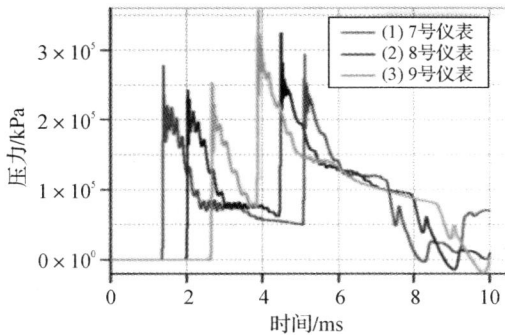

图 2-41　射孔弹下方记录点压力脉动曲线

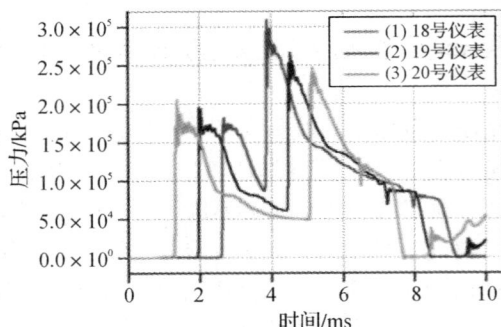

图 2-42　油套环空内记录点压力脉动曲线

2.6　本 章 小 结

　　本章应用米海尔里逊方程和爆轰组分平均比热容法,引入最大爆热实现程度系数,修正爆容、爆热和爆温;基于最大释能原理和 Kamelet 法分析爆压和爆速。基于 Tait 方程,形成冲击波初始压力分析方法;应用反射原理,构建射孔液和套管界面参数的近似图解法;基于叠加原理,建立射孔液压力脉动分析方法,应用 AUTODYN 软件,模拟射孔液的瞬态剧烈运动,分析射孔液压力脉动,得到以下结论。

　　(1)应用米海尔里逊方程和爆轰组份平均比热容法,引入最大爆热实现程度系数,修正了爆容、爆热和爆温;应用最大释能原理和 Kamlet 法分析了爆压和爆速,据此建立了适用的射孔弹炸药爆轰参数分析方法。用修正的方法分析了常用炸药的爆轰参数,并与经典实验数据对比,提高了爆轰参数的分析精度。

　　(2)首先基于相变界面冲击波连续性,应用 Tait 方程,形成了冲击波初始压力分析方法;考虑高压、狭长套管边界,基于反射原理,建立了套管和射孔液界面反射参数分析方法;引用经典爆炸实验数据,拟合量化弹间压力波干扰程度,按初压、指数衰减、倒数衰减,分阶段建立了射孔液压力脉动方程,系统建立了射孔液压力脉动规律分析方法,阐明了射孔液压力脉动规律。

　　(3)实例分析表明,冲击波峰值压力可达 750 MPa,波阵面速度达到4.17 km/s,以指数衰减至初始压 65 MPa,冲击波阵面速度与爆距成正比。反射波压力随爆距减小而增大,反射波压力大于入射波压力。以 16 孔/m 射孔时,某弹附近的 4 颗弹将产生有效干扰,其余可忽略。弹间影响使得射孔液压力存在多个波峰,增大了压力脉动振幅和峰值;另外,单枚射孔弹时,压力恢复到初始压力的时间为 60 μs,多枚弹时为 90 μs。

(4)初始波与反射波叠加的瞬间,射孔液达到峰值能量,距离被视为反射面的人工井底或封隔器越近,叠加能量越高,破坏管柱的力越大,这从能量的角度解释了近封隔器处管柱损毁的原因。

(5)射孔弹以上和以下射孔液速度介于 110~148 m/s 之间和 124~138 m/s 之间,分析认为,射孔液自重消减了部分反射速度,使其明显小于初始速度。距离封隔器越近,射孔液的速度和压力越大,从速度和压力的角度解释了近封隔器处管柱损毁的原因。

第3章 射孔侵彻对射孔枪和套管应力强度的影响分析

爆轰气体压垮药型罩形成吉帕级压力、万米每秒级速度的金属射流,侵彻射孔枪和套管,在高压、高速射流和高温、高压爆轰气体的共同作用下,常引发胀枪和卡枪事故,导致亿元成本的单井报废。为了研究胀枪和卡枪机理,本章分析射孔枪和套管的动力强度安全性。应用 LS-DYNA 软件,建立弹-枪-液-套管三维模型,用改进的 ALE 分离算法,实现爆轰、药型罩固流转化、射流侵彻套管的复杂动态过程,分析爆轰波叠加对密度、能量、射流速度、枪和套管强度的影响规律,为射孔作业安全性提供参考。深穿透、大孔径、高孔密重复射孔和大规模体积压裂,可以使弃置的老井获得"再生",重复射孔侵彻二次孔眼会再次降低套管强度,强度降低过多就无法进行体积压裂。为此,以某再生深井为例,应用 Workbench 瞬态法,分析重复射孔侵彻套管孔边和孔间的应力分布规律,得到重复射孔侵彻套管剩余强度,归纳形成再生深井重复射孔侵彻套管强度安全性评价推荐做法,为老井再生套管强度安全性评价提供参考。

3.1 基于 ALE 的聚能射流动力学方程的建立

在流体动力学 Euler 方程的基础上,完善聚能射流和冲击下流体化的 ALE 动力学方程,材料时间导数项的差异是 Euler 与 ALE 方程的主要区别。

流体化的射孔枪材料 Euler 连续性方程(质量守恒方程)为

$$\dot{\rho} + \rho \, \nabla_x v = \rho_{,t[x]} + v \, \nabla_x \rho + \rho \, \nabla_x v = 0 \qquad (3-1)$$

式中:ρ 为流体密度,单位为 g/cm^3;v 为流体速度,单位为 m/s;∇_x 为空间梯度;$\rho_{,t[x]}$ 为材料密度对时间的导数。

ALE 对时间的偏导和梯度形式为

$$\frac{\mathrm{d}f}{\mathrm{d}t} = f_{,t[x]} + c \cdot \nabla_x f \qquad (3-2)$$

用式(3-2)ALE 材料时间导数代替式(3-1)的材料时间导数,得 ALE 下的连续性方程:

$$\rho_{,t[x]} + c\,\nabla_x\rho + \rho\,\nabla_x v = 0 \tag{3-3}$$

流体化射孔枪盲孔材料 Euler 动量守恒方程:

$$\dot{\rho v} = \rho\left[v_{,t[x]} + (v\,\nabla_x)v\right] = \nabla_x\sigma + \rho b \tag{3-4}$$

式中:b 为单位体力向量;σ 为应力张量。

同理,将式(3-4)用式(3-2)中的材料时间导数代替,则 ALE 动量守恒方程:

$$\rho\left[v_{,t[\chi]} + (c\,\nabla_x)v\right] = \nabla_x\sigma + \rho b \tag{3-5}$$

在 Euler 描述中,聚能射流和冲击下流体化的射孔枪材料能量守恒方程为

$$\dot{\rho e} = \rho(e_{,t[x]} + v\,\nabla_x e) = D{:}\sigma + \nabla_x q - \rho s \tag{3-6}$$

式中:e 为单位内能;q 为单位面积热矢量;ρs 为单位体积热源;D 为变形比率。

将式(3-6)用式(3-2)中的材料时间导数代替,则 ALE 下的能量守恒方程:

$$\rho(e_{,t[x]} + v\,\nabla_x e) = D{:}\sigma + \nabla_x q - \rho s \tag{3-7}$$

ALE 实现了运动界面的跟踪,通过改变内部网格的方法,避免单元过度扭曲。网格更新是另一个需要考虑的问题,首先指定网格速度 $\hat{v}$,通过控制 $\hat{v}$ 或参考流体速度 w 实现对网格运动的追踪,以材料速度做参考:

$$w(X,t) = \frac{\partial\chi(X,t)}{\partial t} = \chi_{,t[x]} \tag{3-8}$$

其中

$$\hat{v}(\chi,t) = \frac{\partial\hat{u}[x(\chi,t)-\chi]}{\partial t} = \frac{\partial x(\chi,t)}{\partial t} = \frac{\partial x}{\partial t}\Big|_\chi = x_{t[\chi]} \tag{3-9}$$

$$v(X,t) = \frac{\partial x}{\partial t}\Big|_x = \frac{\partial x}{\partial t}\Big|_x + \frac{\partial x(\chi,t)}{\partial\chi}\frac{\partial\chi}{\partial t}\Big|_x \tag{3-10}$$

$$\frac{\partial x(\chi,t)}{\partial\chi}\frac{\partial\chi}{\partial t}\Big|_x = v - \hat{v} \tag{3-11}$$

将式(3-9)~式(3-11)代入式(3-8),得到 ALE 描述下流固耦合网格速度公式:

$$\hat{v} = v - \frac{\partial x(\chi,t)}{\partial\chi}w \tag{3-12}$$

因此,通过控制 w 可以达到控制网格速度的目的。根据所选控制对象的不同,通常有三种情况。

(1)先给定网格运动。边界条件极大地影响网格的运动形式,边界运动已

知,根据问题特殊性,提前给定网格的运动位移和速度。如 Liu 分析弹塑性压力波的传播规律时,应用匀速网格运动消除解的非物理振荡。

(2)Lagrange - Euler 矩阵法。Huges 等人在研究黏性流动问题时提出了 Lagrange - Euler 矩阵法,其实质是给定参考材料参考速度 w 的方法。将 w 表示为

$$w_i = (\delta_{ij} - \alpha_{ij})v_j \qquad (3-13)$$

式中:α_{ij} 为对角参数矩阵,即 Lagrange - Euler 矩阵。

当 $\alpha_{ij} = \delta_{ij}$ 时,$w = 0$,由将式(3-12)得到 Lagrange 描述。当 $\alpha_{ij} = 0$ 时,$w = v$,得到欧拉描述。当 α_{ij} 取别值时,网格可任意运动。可将式(3-13)代入式(3-12),即建立关于网格运动速度的微分方程组:

$$\left.\frac{\partial x_i}{\partial t}\right|_x + (\delta_{jk} - \alpha_{jk})v_k \frac{\partial x_i}{\partial x_j} - v_i = 0 \qquad (3-14)$$

通过求解式(3-14)可得网格运动公式 $x = x(\chi, t)$,欧拉矩阵法则需要在整个区域内逐一求解网格运动速度,其计算量巨大。通过给定 Lagrange - Euler 矩阵的方法来保证网格的合理形状比较困难。

(3)变形梯度法。借鉴 Lagrange - Euler 矩阵法的缺点,Huerta 等人提出了变形梯度方法。使用拉格朗日法描述材料表面法向上的物理量,即确定 $w \cdot n = 0$,可根据需要在切向上指定网格速度。

应用 LS - DYNA 模块,结合本节 ALE 算法的核心技术,即可实现爆轰、药型罩和枪体固流转化、高速射流侵彻枪和套管的流固耦合及大变形。

3.2　射孔侵彻引起的卡枪机理分析

本节建立弹-枪-液-套管的三维模型,分析射孔枪和套管内外翻毛刺的产生机理与高度,阐明射孔侵彻引起的卡枪机理。聚能射孔弹结构主要有壳体、起爆药、主炸药和药形罩。弹壳多为钢壳,对承压能力要求高。主炸药是形成聚能射流的能量来源,为高能固体炸药。起爆药是与主炸药相同类型的炸药,但灵敏度更高,用于引爆主炸药。如图 3-1 所示,药型罩为射孔弹中的锥形金属罩,与射孔弹外壳共同包裹炸药形成整体,炸药爆轰瞬间,药型罩金属被挤压、融化,形成药型罩金属射流,用以射穿套管和地层,建立油气流通道。

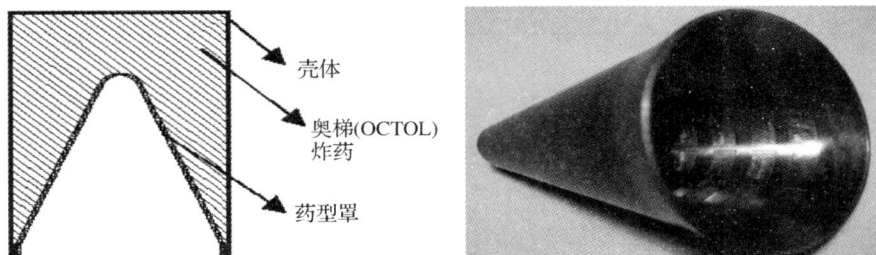

图 3-1　药型罩实物照片及其在射孔弹中的位置

3.2.1　射孔弹-射孔枪-射孔液-套管建模及三维动态仿真过程

套管、射孔枪、射孔弹及工况和模型参数见表 3-1。套管、枪体、药型罩与气体之间，药型罩和炸药之间，接触采用 Eroding(ESTS)和 Surface to Surf——侵彻接触类型。ALE 算法可以很好地解决此类问题。采用 ALE 算法描述爆轰产物、药型罩金属和聚能炸药；采用 Lagrange 算法描述射孔枪、套管以及空腔部分；细化了射孔弹及其周围的 ALE 单元网格。单枚射孔弹系统有限元模型中一共有 1 543 456 个节点，1 467 321 个单元。

单枚和三枚弹起爆、射流、侵彻枪和套管的过程如图 3-2 所示。在高温高压气体作用下抛掷药型罩流体，按照锥顶到罩底边的顺序，罩微元依次变形，汇交碰撞于轴线，得到细束金属高速射流和杆体段，侵彻套管和枪体。

表 3-1　ALE 算法建模关键参数

套管参数						
材料	壁厚/mm	外径/mm	屈服强度/MPa	抗压强度/MPa	导热系数/(W·m⁻¹·℃⁻¹)	线膨胀系数/℃
TP140	12.7	177.9	966	119	6433	1.20×10^{-5}

射孔枪参数						
类型/CrMo4	枪外径/mm	枪壁厚/mm	盲孔径/mm	盲孔厚/mm	抗压强度/MPa	屈服强度/MPa
32	127	11	41	4.5	141	840

续表

射孔弹参数						
药型罩	罩锥角/(°)	罩厚/mm	罩顶弧/(°)	装药高度/mm	炸药	质量/g	密度/(g·cm⁻³)
高导无氧铜	60°	1.5	80°	41.5	HMX	40	1.89

工况参数		
井深/m	射孔液密度/(g·cm⁻³)	地层压力梯度
5 000	1.3	1.6

模型参数			
轴向长度/m	射孔孔密/(孔·m⁻¹)	相位角/(°)	轴向间距/mm
1	16	90°	62.5

(a)

(b)

单位：μs

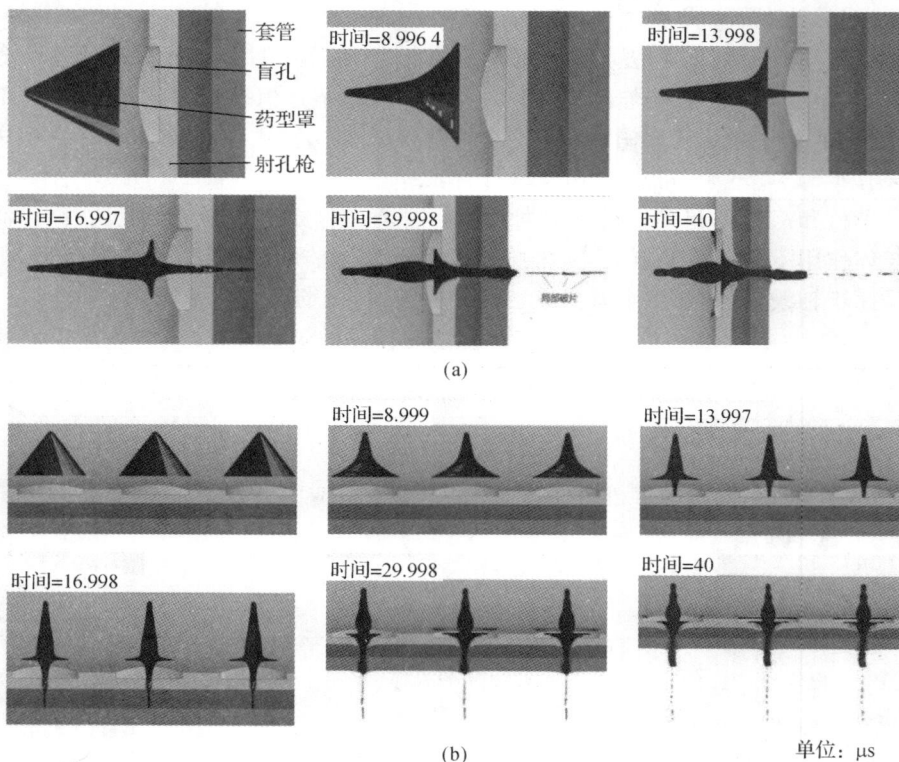

图 3-2　单枚及三枚射孔弹射孔动态过程

(a)单枚射孔弹射孔动态过程；(b)多枚射孔弹射孔动态过程

3.2.2　射孔爆轰瞬间能量变化和转化规律分析

本小节用 LS - DYNA 软件建立单枚和三枚弹-枪-液-套管模型,提取并分析关键结果数据,考察各物质的能量转换规律。

(1)单枚弹能量变化规律。如图 3 - 3 所示,炸药能量在 11 μs 内完全释放,最大值达到 192.2 kJ。爆轰气体能量迅速增大,最大能量值为 35.1 kJ,占总能量的 18.2%。药型罩被压垮后的能量急剧增大,峰值为 25.2 kJ,占总能量的 13.2%,为有效能量。

详细分析图 3 - 3(c),9 μs 时形成射流,开始侵彻射孔枪。在 9～12 μs,因爆轰产物持续补偿作用,射流能量保持稳定。射流 12 μs 时在枪上开孔,能量急剧减少。17 μs 时,开始侵彻套管,射穿后扩孔,能量逐渐消耗。36 μs 时,侵彻结束。

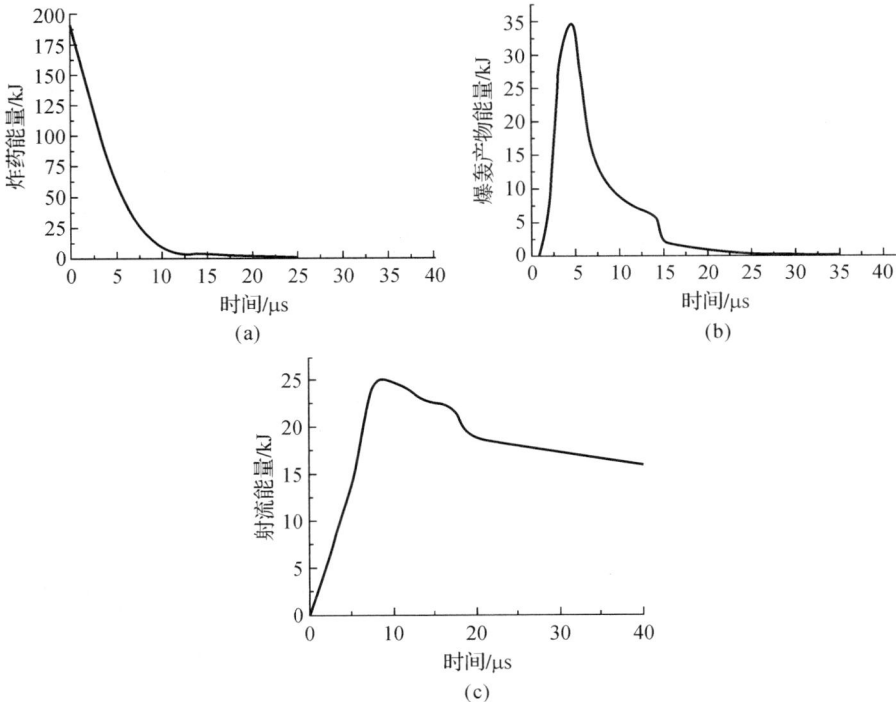

(a)　　　　　　　　　　　　　　　　(b)

(c)

图 3 - 3　单枚射孔弹射孔时系统各部分能量变化曲线

(a)炸药的能量变化曲线;(b)爆轰产物的能量变化曲线;(c)金属射流的能量变化曲线

(2)三枚弹叠加对能量转化和分布的影响分析。单枚和三枚弹的射流能量变化情况如图 3-4(a)(b)所示。单枚弹总能量为 192.2 kJ,射流能量峰值为 25.2 kJ,射流能量占比为 13.2%;三枚弹射流能量占比为 23.1%,数据表明弹间叠加使得射流能量增加。

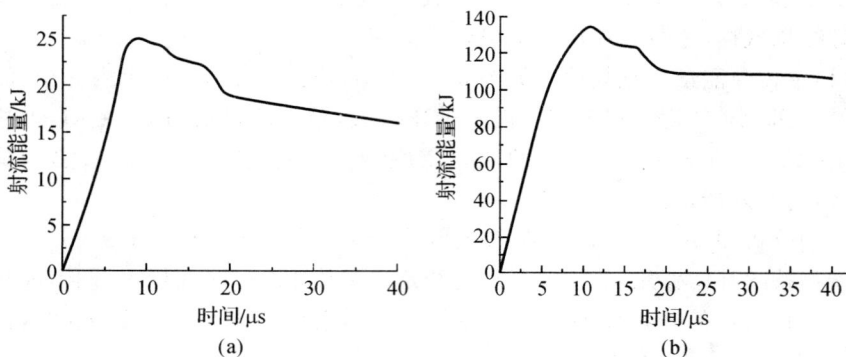

图 3-4　单枚、三枚射孔弹射流能量变化规律
(a)单枚射孔弹射流能量变化规律;(b)三枚射孔弹射流能量变化规律曲线

有一点需要重点关注:三枚较一枚弹的射流能量在 20 μs 后降低趋势更平缓。这表明多枚弹的爆轰产物能持续补充射流能量,有利于提高穿孔深度。

单枚和三枚弹爆轰气体能量变化情况如图 3-5 所示,单枚弹峰值能量为 35.1 kJ,占比为 18.2%;三枚弹峰值能量为 82.9 kJ,占比为 14.5%。由表 3-2 可知,射孔弹越多,射流的平均能量越大,产物的能量越小。

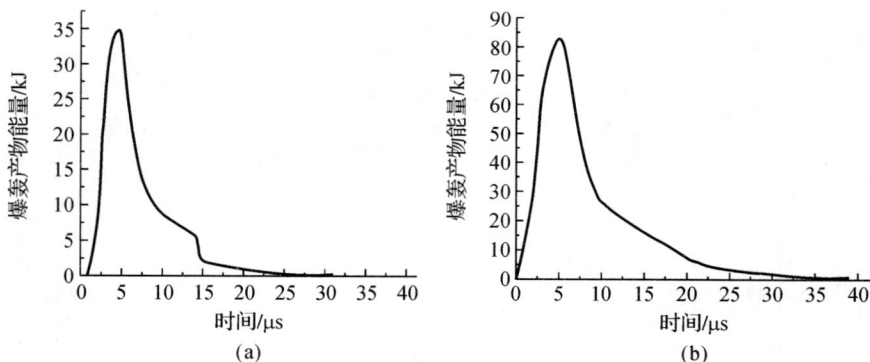

图 3-5　单枚和三枚射孔弹爆轰产物的能量变化规律
(a)单枚射孔弹;(b)三枚射孔弹

表 3－2　射孔弹爆轰各组分能量及占比

枚数	炸药能 E /kJ	射流能 E_1 /kJ	射流 /(%)	产物能量 E_2 /kJ	产物 /(%)	$(E_1+E_2)/E$ /(%)
1	192.2	25.2	13.2	35.1	18.2	29.8
3	576.3	135	22.9	82.9	14.5	38.1

3.2.3　射流速度变化规律分析

如图 3－6 所示,40 μs 时的射流轴向速度大于径向速度,射流头部速度峰值为 4 333 m/s,尾部速度为 45 m/s,相差悬殊;头部尺寸约为尾部尺寸的 1/10,且不连续。药型罩压垮时的径向速度峰值为 1 661 m/s。

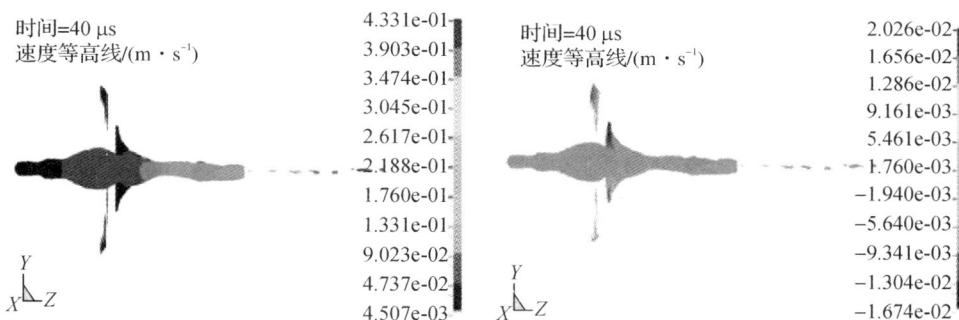

图 3－6　射流速度云图(40 μs)
(a)轴向射流速度变化云图;(b)径向射流速度变化云图

如图 3－7 所示,射流头部速度形成瞬间达到 583 m/s,迅速增加到 5 856 m/s。13 μs 时头部开始接触盲孔壁,14 μs 时穿透射孔枪,速度消耗了 241 m/s。17 μs 时接触套管壁,30 μs 时射穿套管,速度消耗约为 1 500 m/s。

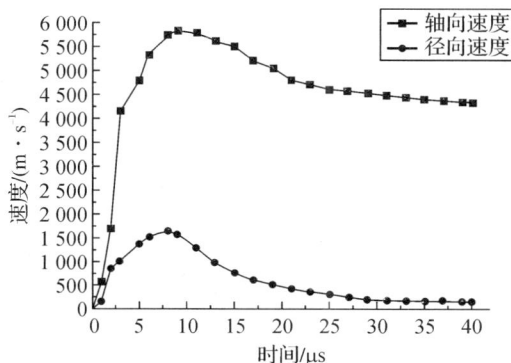

图 3－7　射流径向和轴向最大速度变化规律曲线

3.2.4 射孔枪和套管毛刺高度及其对卡枪的影响分析

在高温高压高速射流和高爆压下,射孔枪产生流变,材料从孔眼向周围转移、积聚、翻转形成毛刺外翻。射孔枪产生外凸毛刺,内壁凹陷。射流侵彻套管初期是流态射流,套管未与杵体接触,套管流变材料孔眼向周围转移、积聚、翻转,也形成毛刺。若内外毛刺之和超过了枪套管间隙,将产生卡枪现象。

由图 3-8、图 3-9、图 3-10 和图 3-11 可知,射孔枪外壁在 25 μs 时产生最大毛刺,高度为 4.3 mm。套管外壁面在 18 μs 时产生最大毛刺,高度为 1.8 mm。套管内壁面在 20 μs 时产生最大毛刺,高度为 0.9 mm。

对比射孔枪和套管的毛刺形态,发现炸高对毛刺高度有明显影响,呈反比变化。套管和射孔枪毛刺累计 5.2 mm,若枪套管间隙小于 5.2 mm,则易引起卡枪。在射孔枪优化设计时应予参考。

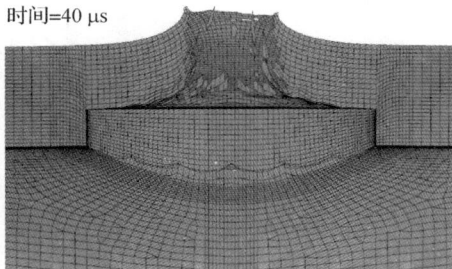

图 3-8 射孔枪毛刺

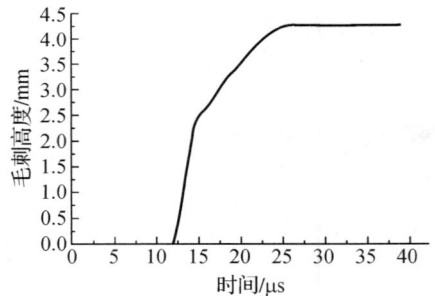

图 3-9 射孔枪毛刺高度变化规律

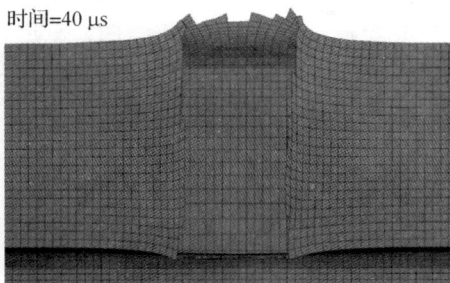

图 3-10 套管最大毛刺

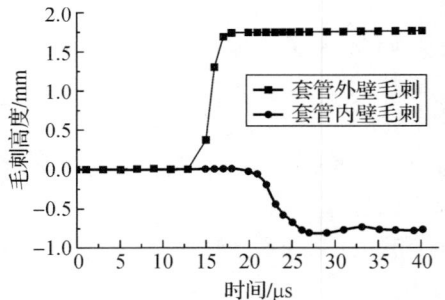

图 3-11 套管内外壁毛刺高度变化曲线

3.3　射孔侵彻引起的胀枪机理分析

为了探明射孔侵彻对射孔枪和套管开孔过程、开孔大小、射孔枪应力分布的影响,建立射孔弹-射孔枪-射孔液-套管的三维有限元模型,分析射孔枪应力分布规律,阐明射孔侵彻引起的胀枪机理。

在射孔爆轰之前,射孔枪是一个密闭空间,在射孔弹引爆瞬间,因爆炸的直接作用,射孔枪身临近射孔弹区域易产生高应力区,在瞬时高温高压的作用下,射孔枪枪身将产生向外的鼓胀、胀枪。

3.3.1　套管和射孔枪孔径变化规律分析

(1)射孔枪盲孔开坑和扩孔及孔径变化规律分析。如图 3-12 所示,14 μs 时射流头部接触盲孔内壁,16 μs 时射穿,为开坑阶段,形成 3.2 mm 孔径,35 μs 时射流尾部穿透射孔枪,为扩孔阶段,形成 13 mm 的孔径。杵体尾部尺寸大,扫过射孔枪孔眼时进一步扩大孔径,形成 18.7 mm 的平均孔径。

(2)射孔套管开坑和扩孔过程及孔径变化规律分析。如图 3-13 所示,13 μs 时,金属射流开始接触套管内壁,23 μs 时,射流到达套管外壁,穿透套管。13~23 μs 为开坑阶段,孔眼直径达 3 mm。后续射流继续侵彻套管,30 μs 时,射流尾部通过套管外壁,侵彻套管结束。23~30 μs 时为扩孔阶段,套管外壁孔径由 3 mm 迅速增大到最终的 7.8 mm,内壁孔径为 7.6 mm,平均孔径为 7.7 mm。射流穿透射孔枪后能量衰减明显,套管较射孔枪孔眼直径小 11 mm。

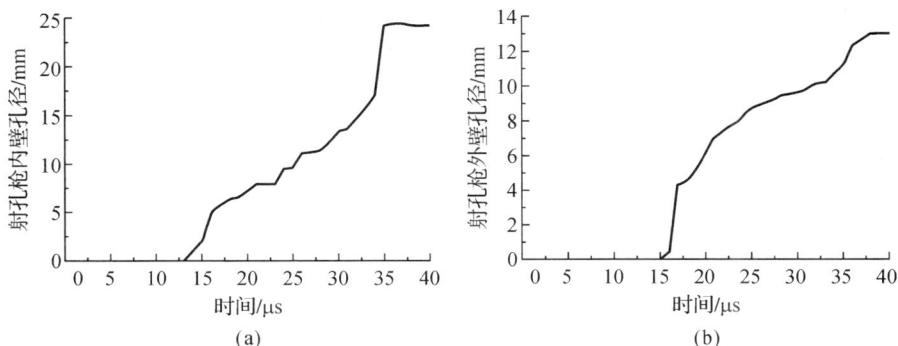

图 3-12　射孔枪孔径变化曲线

(a)射孔枪内孔径变化图;(b)射孔枪外孔径变化图

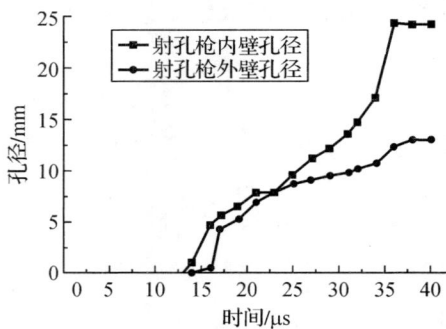

(c)

续图 3-12 射孔枪孔径变化曲线

(c)射孔枪内外壁孔径变化对比

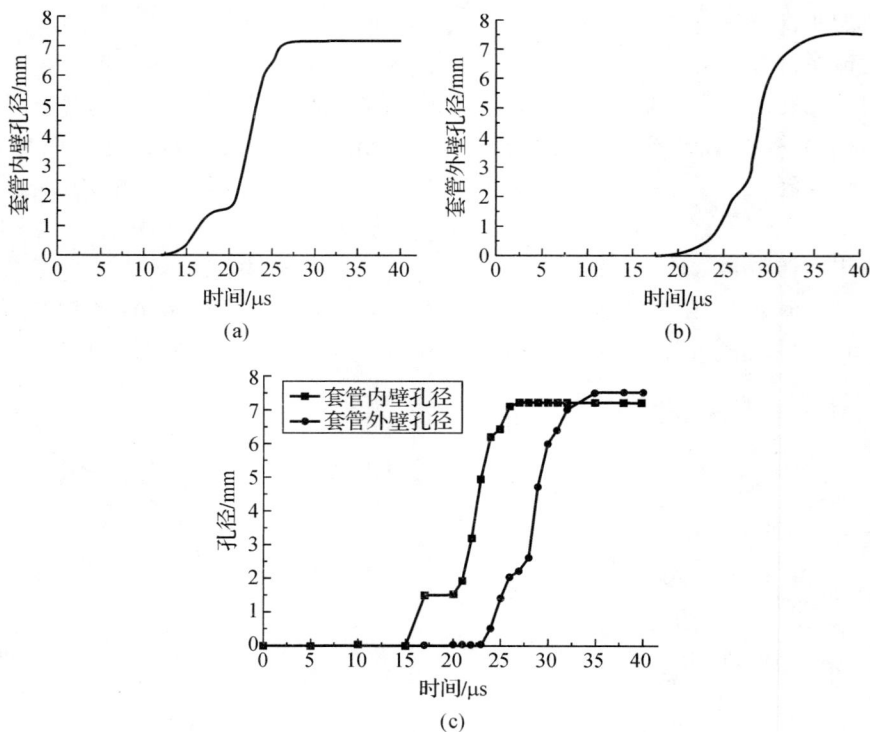

图 3-13 套管孔径变化规律曲线

(a)套管内孔径变化图;(b)套管外孔径变化图;(c)套管内外孔径变化对比

3.3.2　弹间叠加对射孔枪强度影响及胀枪机理研究

(1)单枚弹时射孔枪应力变化规律分析。如图 3 - 14 所示,射孔枪内壁 13 μs时瞬间达到 1 056 MPa 应力,射流头部 14 μs 时到达射孔枪外壁,达到 1 085 MPa应力;40 μs 时完成对射孔枪的侵彻,孔眼周围有环状的应力分布,最大应力不变。

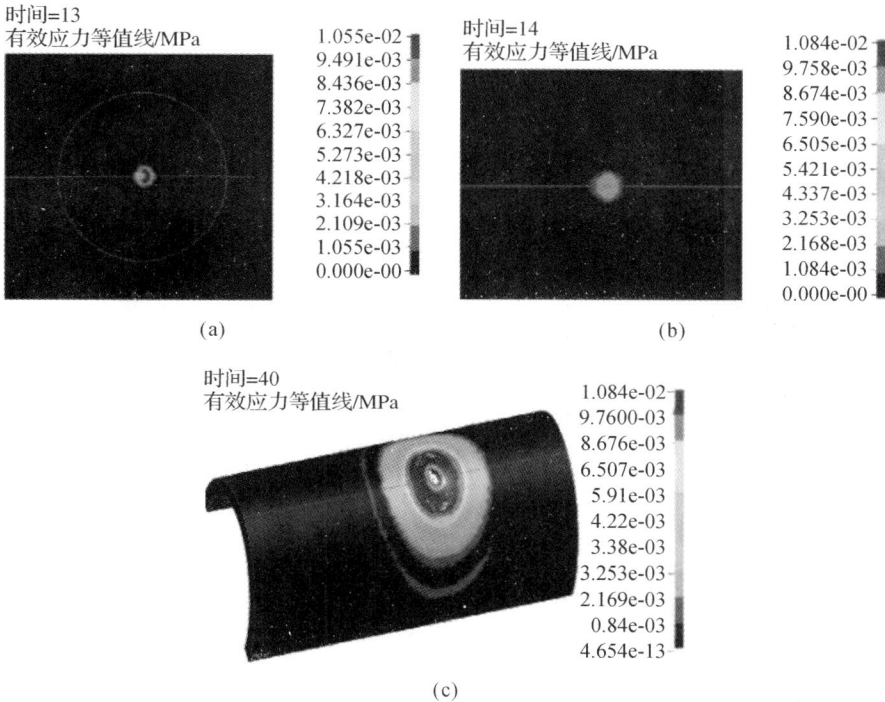

(a)

(b)

(c)

图 3 - 14　单枚弹时射孔枪应力云图

(a)13 μs;(b)14 μs;(c)40μs

考察沿射孔枪孔眼 8 个径向点的应力变化,如图 3 - 15 所示,孔眼 22 mm 内的应力均超过了管材屈服强度,30 mm 内的应力为 500 MPa,58 mm 以内的应力很小。

(2)三枚弹间叠加对射孔枪强度安全性影响分析。三枚弹射孔的射孔枪应力云图如图 3 - 16 所示,13 μs 时射流开始侵彻射孔枪体,应力瞬时增加。14 μs 时射流头部到达枪外壁,应力为 1 084 MPa,至此,与单枚射孔弹应力变化一致。21 μs 时孔眼周围高应力区继续扩展未叠加。40 μs 时高应力区叠加,应力增长,在 125 mm 宽带内的最小应力为 774 MPa,大于材料的屈服强度,同时作用高爆压,将产生向外的鼓胀,即所谓的"胀枪"。

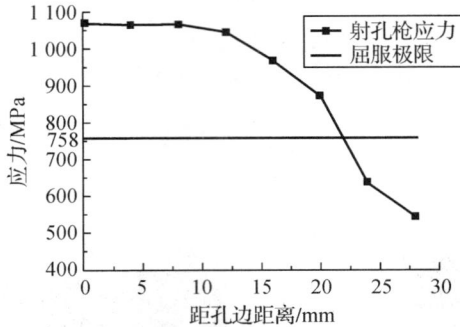

图 3-15　单枚弹射孔时射孔枪最大应力变化规律

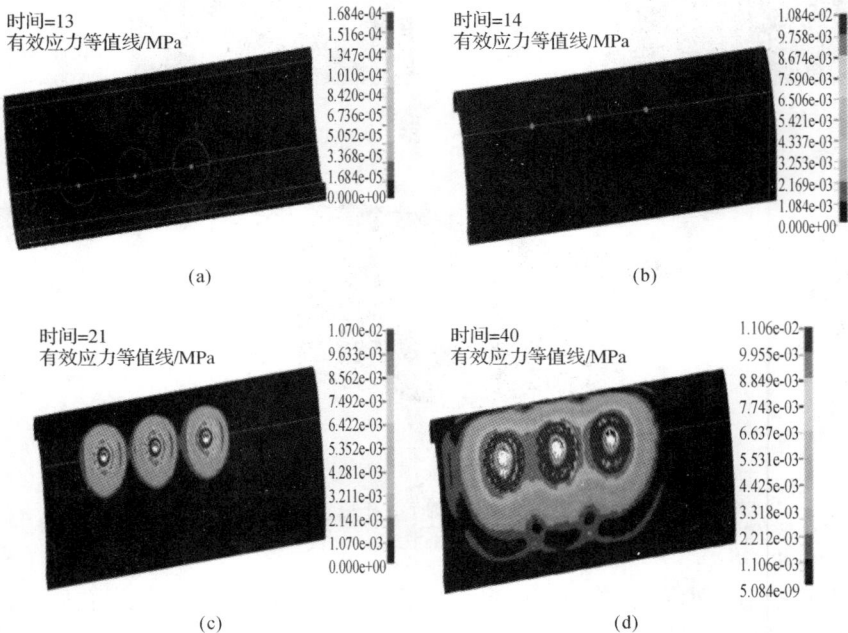

(a)

(b)

(c)

(d)

图 3-16　三枚弹时射孔枪应力云图

(a)13 μs 时的应力;(b)14 μs 时的应力;(c)21 μs 时的应力;(d)40 μs 时的应力

单枚和三枚弹射孔时枪的应力变化情况如图 3-17 和图 3-18 所示,三枚弹射孔的孔边最大应力为 1 076 MPa,近似等于单枚时的应力;大于 15 mm 孔边范围以外区域,单枚的应力急速减少,但三枚的应力增大。重叠中心的应力为

996 MPa,较 878 MPa 的单枚应力高 118 MPa。

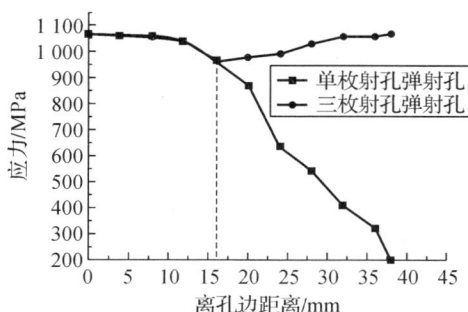

图 3 - 17　单枚和三枚射孔弹射孔
时枪的应力变化曲线

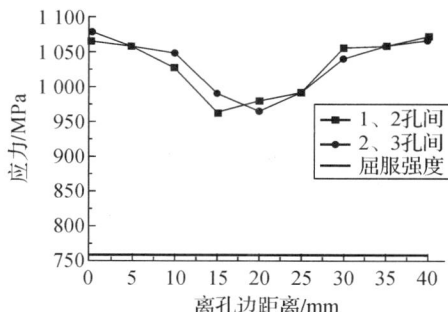

图 3 - 18　射孔枪孔间
应力变化曲线

3.3.3　弹间叠加对套管应力影响规律分析

本小节应用 LS - DYNA 软件,建立枪-弹-液-套管的三维模型,分析套管应力变化过程和规律。

(1)单枚弹射孔时套管的应力变化规律分析。如图 3 - 19 所示,17 μs 时射流与套管接触点压力瞬时达 1 039 MPa,除接触点外的区域应力近似为零;30 μs 时射透套管,30~40 μs 为扩孔阶段;随后,射流影响的套管区域进一步扩大,侵彻结束,距孔边 10 mm 范围内,可达 1 270 MPa 应力,其边缘也达到了 965 MPa 的应力,大于 TP140 套管材料屈服强度,易损坏。

由图 3 - 19(d)可知,40 μs 时,套管上还有高于 965 MPa 应力的区域。由图 3 - 20 和图 3 - 21 可知,距孔边 10 mm 以内应力均超过材料的屈服强度。

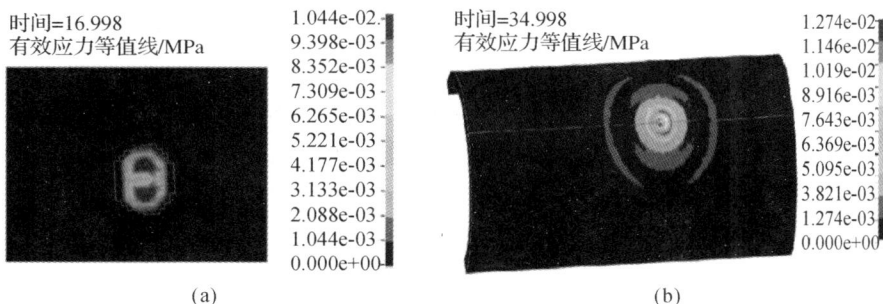

图 3 - 19　单枚弹套管应力云图

(a)17 μs 时套管内壁应力图;(b)17 μs 时套管外壁应力图

时间=16.998
有效应力等值线/MPa

1.044e-02
9.398e-03
8.353e-03
7.309e-03
6.265e-03
5.221e-03
4.177e-03
3.133e-03
2.088e-03
1.044e-03
0.000e+00

时间=40
有效应力等值线/MPa

1.271e-02
1.144e-02
1.017e-02
8.895e-03
7.624e-03
6.354e-03
5.083e-03
3.812e-03
2.541e-03
1.271e-03
0.000e+00

(c)   (d)

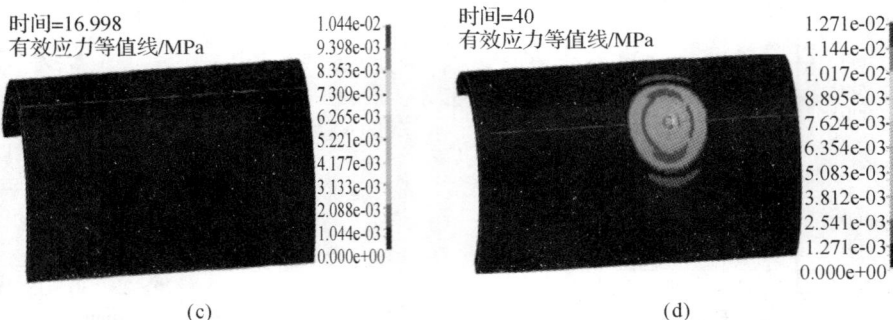

续图 3-19 单枚弹套管应力云图

(c)35 μs 时套管外壁应力图；(d)40 μs 时套管外壁应力图

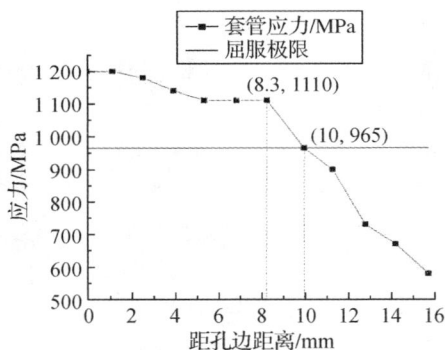

图 3-20 套管最大应力变化曲线

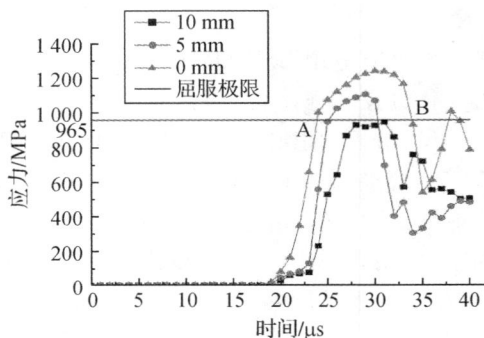

图 3-21 不同位置套管应力随时间变化曲线

（2）爆轰波叠加对套管应力的影响研究。三枚弹不同爆轰阶段套管的应力如图 3-22 所示。16 μs 时射流到达套管内壁，较单枚弹提前 1 μs；22 μs 时穿透套管，较单枚射孔提前了 8 μs，孔眼处峰值应力为 1 300 MPa，较单枚增加了260 MPa；27 μs 时应力变化的圆环区域相切；随后应力变化区域继续扩展和叠加，应力值增大。

如图 3-23 所示，为分析套管孔间应力变化情况，考察孔间连线上 13 个点的应力变化，孔边 12.5 mm 内的应力大于管材的屈服强度，较单枚增加了2.5 mm圆环区域，距孔边 12.5～15.3 mm，随孔距增加，套管应力减小。距孔边15.3～21.3 mm 内，套管应力峰值为 965 MPa。因应力增加又恢复，重叠区域材料的强度会略有提高、韧性降低。

（a）

（b）

（c）

（d）

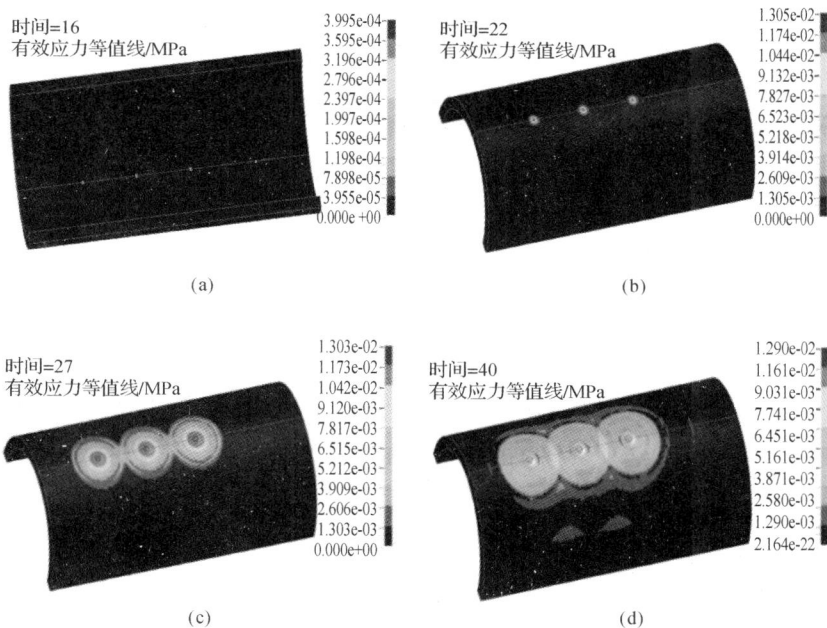

图 3 - 22　三枚弹时套管应力云图

（a）16 μs 时套管应力；（b）22 μs 时套管应力；（c）27 μs 时套管应力；（d）40 μs 时套管应力

单枚和三枚弹射孔，套管应力变化如图 3 - 24 所示，三枚弹射孔套管的峰值应力为 1 273 MPa，较单枚时 1 268 MPa 略高一些。在重叠区域中心，套管应力达到 965 MPa，较单枚时应力高 737 MPa。

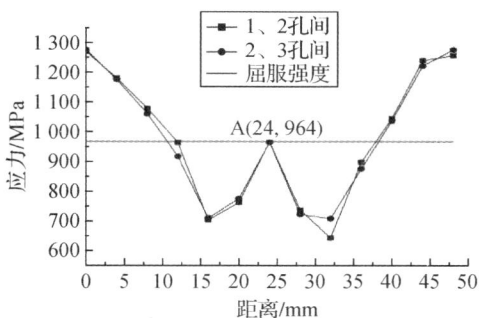

图 3 - 23　相邻两孔间套管应力变化

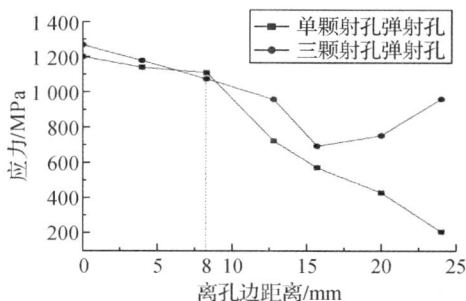

图 3 - 24　单枚和三枚弹射孔套管应力对比

3.4　考虑毛刺和胀枪的 射孔枪弹组合优化设计

考虑到射孔侵彻引起的射孔枪毛刺过高和塑性区扩展,需要合理设计射孔枪弹组合,优化射孔枪结构,避免卡枪和胀枪事故。

3.4.1　考虑毛刺和胀枪影响的射孔枪优化设计

(1)考虑毛刺影响的射孔枪优化设计。套管内径为 D、壁厚为 t、射孔枪外径为 d;假设射孔枪的外凸毛刺高度为 Δt_1、套管内翻毛刺高度为 Δt_2,累计毛刺高度 $\Delta t = \Delta t_1 + \Delta t_2$。如果 $(D-d) \leqslant \Delta t$,同时考虑枪套间的同心误差,那么易引起卡枪。

针对卡枪问题,给出了几种设计选择:①降低炸药烈度,如用 HMX 代替 RDX 炸药;②降低装药量,如从 48 g 降低到 35 g;③降低装药密度,如从 1.8 g/cm³ 降低到 1.5 g/cm³;④合理优化枪套配合设计,满足 $D-d > \Delta t$。

(2)考虑胀枪的射孔枪优化。可从两个方向进行结构优化:

若初始静液柱压力为 P,根据笔者之前做的射孔套管轴向受拉实验的结论,平均孔眼应力集中系数为 1.33,考虑应力集中的影响,并确保内压下射孔枪的安全,根据 $1.3P = 0.578\sigma_s d (D^2 - d^2)/D^3$ 来优化、折中设计盲孔壁厚度,尽量减小盲孔壁厚。合理减小盲孔壁厚:首先,能减少射流穿过时间,从而减小对射孔枪的伤害;其次,能减少枪中爆轰压力的"憋压"时间,"泄压"及时,避免胀枪。

考虑射孔枪的可下入性,应适当增加枪体厚度,提高抗内压强度,避免胀枪。

3.4.2　考虑弹间叠加的射孔枪优化

常规射孔参数为孔密 16 孔/m、相位角为 90°,则相邻孔轴向有 62.5 mm 的距离。在叠加区两孔中点处,枪体应力较单枚时高 14%,两孔越近,应力增加越大。若只从安全角度考虑,则应增加孔间距离。若保持孔密 16 孔/m 不变,则相位角改变时孔距也会发生变化,经过有限元建模测算,孔距随相位角增大而增大,可适当增加相位角,有利于枪体安全。

3.5　二次和三次重复射孔侵彻套管强度安全性评价

随着射孔技术的进步,尤其是深穿透、大孔径、高孔密射孔技术和大规模体积压裂技术的应用,有些弃置的老井可以通过重复射孔和体积压裂获得再生,在原来已射孔层位,再进行二次或者三次射孔,以提高采收率。

重复射孔侵彻二次孔眼会降低套管的强度,如果强度降低过多就不能进行大规模体积压裂。为此,以某再生深井为例,考虑新旧射孔侵彻孔眼轴向、环向和螺旋线向相切三种不利分布,建立重复射孔侵彻套管三维有限元模型,分析重复射孔侵彻套管孔边和孔间的应力分布规律,得到二次和三次射孔套管剩余强度,据此归纳形成再生老井重复射孔套管强度安全性评价的基本做法。

3.5.1　二次和三次重复射孔与套管参数分析

(1)二次和三次重复射孔各段数据整理。某再生深井于 1992 年首次射孔完井,其井深近 5 000 m,表 3-3 为射孔段套管关键参数数据。表 3-4 和图 3-25 为射孔情况。

表 3-3　某再生深井各段套管关键数据

套管类型	套管外径/mm	套管壁厚/mm	套管钢级	套管下入深度/m
表层套管	139.70	10.54	P110	0～835.5
技术套管	139.70	9.17	P110	835.5～4 089.9
射孔段套管	139.70	10.54	P110	4 089.9～4 922.3

表 3-4　某再生深井射孔情况

层　　号	射孔段/m	长度/m	射孔数量	相位角/(°)	孔密/(孔·m^{-1})
91	3 148.3～3 150.5	2.2	1	90	16
92	3 153.5～3 156.4	2.9	1	90	16
93	3 158.5～3 159.7	1.2	1	90	16
93	3 161.3～3 165.2	3.9	1	90	16
94	3 165.2～3 166.3	1.1	2	90	16

续表

层　号	射孔段/m	长度/m	射孔数量	相位角/(°)	孔密/(孔·m⁻¹)
94	3 167.5～3 168.8	1.3	2	90	16
94	3 167.5～3 168.8	1.3	2	90	16
94	3 168.8～3 172.2	3.4	1	135	16
126	3 586.5～3 591.5	5.0	3	135	32
126	3 586.5～3 591.5	5.0	3	135	16
127	3 590.4～3 591.2	0.8	1	135	16
163	4 511.5～4 513.3	1.8	1	90	16
163	4 512.1～4 519.7	8.6	3	90	16
补1	4 512.1～4 519.7	8.6	3	90	16
164	4 533.5～4 537.6	4.1	2	90	16
补1	4 533.5～4 537.6	4.1	2	90	16
170	4 569.4～4 571.0	1.6	1	90	16
171	4 571.9～4 575.2	3.3	2	90	13
171	4 571.9～4 575.2	3.3	2	90	16
172	4 575.3～4 578.9	3.6	2	90	13
172	4 575.3～4 578.9	3.6	2	90	16

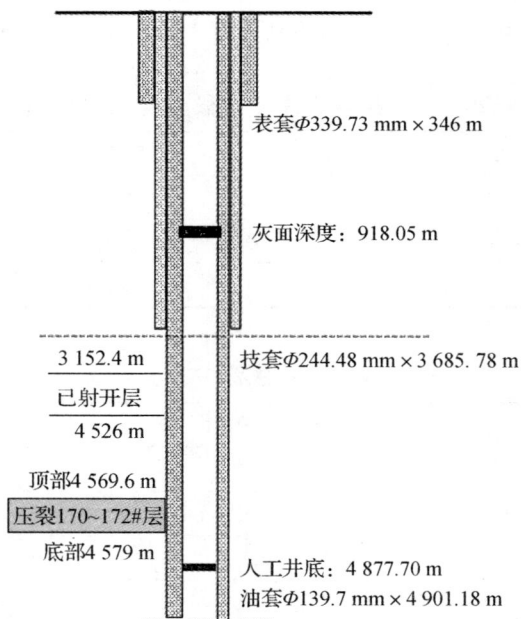

图 3-25　某再生深井已射孔层序图

表套Φ339.73 mm×346 m

灰面深度：918.05 m

3 152.4 m

已射开层

4 526 m

顶部4 569.6 m

压裂170～172#层

底部4 579 m

技套Φ244.48 mm×3 685.78 m

人工井底：4 877.70 m

油套Φ139.7 mm×4 901.18 m

（2）重复射孔地层压力数据分析。表 3－5 是某再生深井测井得到的地层压力数据。据此可以初步确定各层位射孔段套管外载荷。

表 3－5　再生深井部分地层压力数据

井中深度/m	地层压力/MPa	地层压力系数
3 254.60	33.20	1.02
3 075.40	31.06	1.01
3 721.30	36.10	0.97
3 437.26	35.75	1.04
3 544.89	38.28	1.08
3 964.52	41.23	1.04
3 390.71	30.86	0.91
4 189.00	50.69	1.21
4 478.12	41.65	0.93
2 748.80	30.79	1.12
4 253.22	48.49	1.14
3 459.23	37.01	1.07
3 382.56	33.15	0.98
3 587.70	34.08	0.95
3 825.00	38.63	1.01
3 760.50	38.36	1.02

3.5.2　一次射孔套管剩余强度分析

如表 3－6 所示，该井射孔层位位于 3 034～4 579 m 之间，总长度为 1 545 m，内含 13 个层位共 47.7 m 长的射孔段，其中 5 个层位是重复射孔。

表 3－6　某再生深井初次射孔相关参数

层号	射孔段/m	长度/m	射孔数量	相位角/(°)	孔密/(孔·m⁻¹)
92	3 153.5～3 156.4	2.9	1	90	16
93	3 158.5～3 159.7	1.2	1	90	16
93	3 161.3～3 165.2	3.9	1	90	16
94	3 168.8～3 172.2	3.4	1	135	16

续表

层号	射孔段/m	长度/m	射孔数量	相位角/(°)	孔密/(孔·m^{-1})
127	3 590.4～3 591.2	0.8	1	135	16
163	4 511.5～4 513.3	1.8	1	90	16
170	4 569.4～4 571.0	1.6	1	90	16

如表 3－7 所示,根据文献[143]的射孔套管剩余强度分析方法,逐一分析该井一次射孔套管剩余强度数据。

表 3－7　再生深井初次射孔参数数据

射孔段/m	相位角/(°)	套管型号	剩余强度系数	剩余强度/MPa
3 152.4～3 156.0	90	Φ139.70 mm×9.17 mm P110	0.849	73.11
3 158.4～3 159.5	90	Φ139.70 mm×9.17 mm P110	0.849	73.11
3 161.0～3 165.0	90	Φ139.70 mm×9.17 mm P110	0.849	73.11
3 169.0～3 172.7	135	Φ139.70 mm×9.17 mm P110	0.851	74.22
3 590.4～3 591.0	135	Φ139.70 mm×9.17 mm P110	0.851	74.22
4 511.0～4 513.0	90	Φ139.70 mm×10.54 mm P110	0.859	85.88
4 569.5～4 571.0	90	Φ139.70 mm×10.54 mm P110	0.859	85.88

注:孔密均为 16 孔/m。

3.5.3　重复射孔套管剩余强度分析

目前,没有切实可行的重复射孔套管剩余强度分析方法。本小节应用 ANSYS 软件,分析重复射孔套管的剩余强度。考察新旧孔眼轴向、环向和螺旋线向相切的不利分布情况,根据分析结果对比,确定最不利的重复射孔方式,分析重复射孔套管剩余强度。

(1)二次重复射孔最不利布孔分析。初步分析结果表明,假设沿着轴向、环向、螺旋线方向重复射孔,孔距越近,强度降低越快。所以,假设重复射孔可能的不利分布情况:①两孔上下沿轴向相切;②两孔沿环向左右相切;③两孔沿螺旋线向相切。应用 ANSYS 软件,考察重复射孔套管的最不利布孔方式。

1)建立有限元模型。以油田常用的 Φ139.70 mm×9.17 mm P110 套管为例,以 16 孔/m 孔密、90°相位角、10 mm 孔径射孔。如图 3－26 所示,套管三维模型长度为 500 mm,采用 SOLID 185 八节点、六面体单元划分套管管体网格,局部细分孔眼网格。射孔段套管上端为 U_x、U_y、U_z 约束,下端为 U_x、U_y 约束。模型共有 31 899 个单元、49 215 个节点。

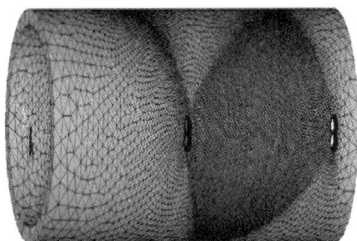

图 3 - 26　套管网格划分情况

　　2)套管新旧孔轴向相切剩余强度分析。图 3 - 27 所示是新旧孔轴向相切示意图,图 3 - 28 是对应的应力云图,可以看出,当内压达到 20.3 MPa 时,射孔孔眼某点峰值首次达到其屈服强度。

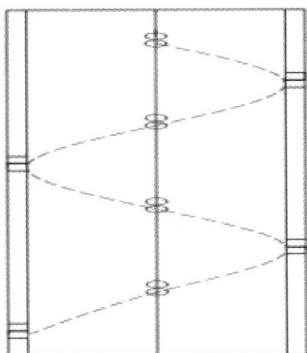

图 3 - 27　新旧孔轴向相切示意图

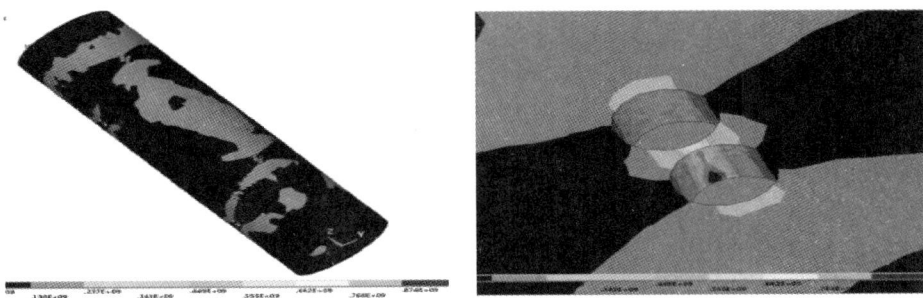

图 3 - 28　套管轴向相切的应力云图及局部放大图

3)套管新旧孔环向相切剩余强度分析。图 3-29 所示是新旧孔环向相切示意图,图 3-30 是对应的应力云图,可以看出,当内压达到 29.7 MPa 时,射孔孔眼某点峰值首次达到其屈服强度。

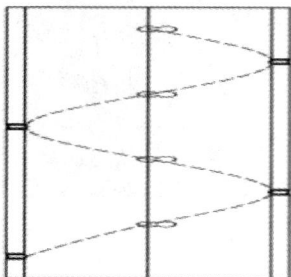

图 3-29　新旧孔环向相切示意图

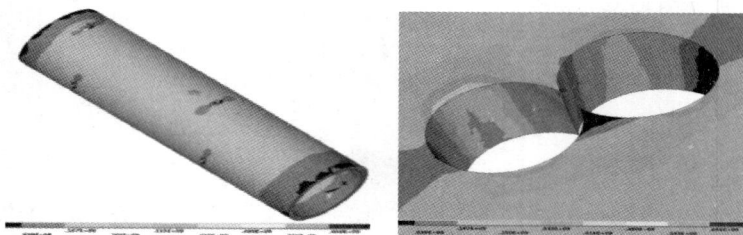

图 3-30　套管环向相切的应力云图及局部放大图

4)套管新旧孔螺旋线向相切剩余强度分析。图 3-31 所示是新旧孔螺旋线向相切示意图,图 3-32 是对应的应力云图,可以看出,内压达到 21.1 MPa 时,射孔孔眼某点峰值首次达到其屈服强度。

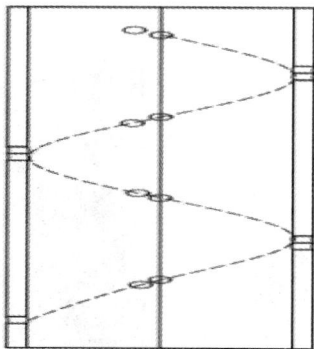

图 3-31　螺旋线向相切示意图

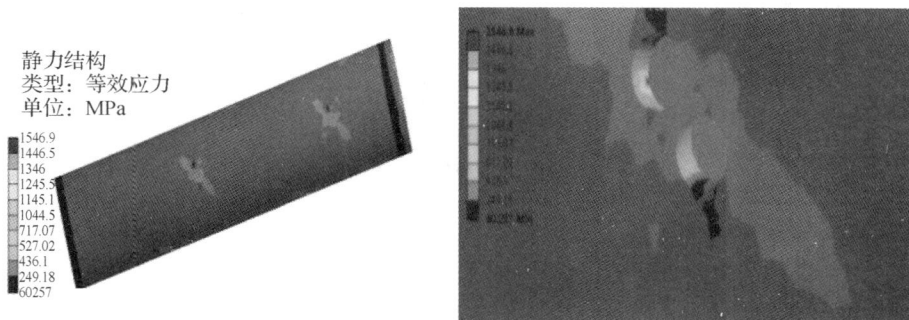

图 3-32　套管螺旋线向的相切应力云图及局部放大图

综上所述,沿轴向、环向和螺旋线向相切二次射孔,当孔眼某点首次达到其材料的屈服强度时,对应内压分别为 20.3 MPa、29.7 MPa 和 21.1 MPa。由此可以看出,轴向相切是最不利重复射孔的方式。

(2)二次射孔剩余强度实例分析。

1)针对 93、94 层位套管二次射孔剩余强度分析。建立新旧孔轴向相切的套管有限元模型,分析层号 93 处套管剩余强度值。如表 3-8 和图 3-33 所示,可以看出,套管剩余强度系数为 0.79,套管剩余强度为 69 MPa,抗内压强度下降了 21% 左右。

表 3-8　层号 93 处重复射孔套管剩余强度结果

次　数	射孔段/m	剩余强度系数	剩余强度/MPa
0	3 158.4~3 159.5	1	87
1	3 158.4~3 159.5	0.84	75
2	3 158.4~3 159.5	0.79	69

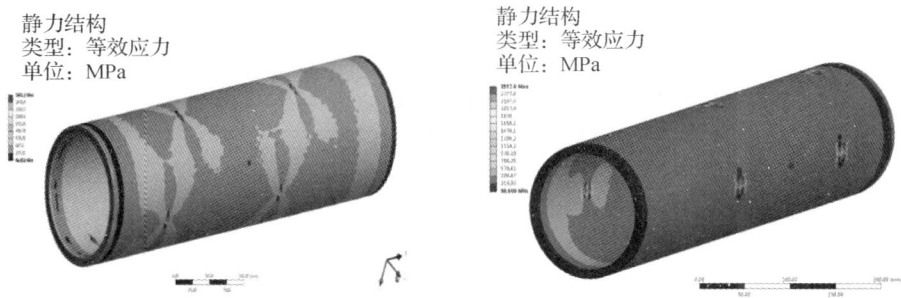

图 3-33　层号 93 处射孔套管应力云图
(a)一次射孔应力;(b)二次重复射孔应力

2）层号 125 处套管三次射孔剩余强度分析。建立新旧孔轴向相切的套管有限元模型，分析层号 125 处套管剩余强度值。如表 3-9 和图 3-34 所示，可以看出，套管剩余强度系数为 0.64，套管剩余强度为 56 MPa，抗内压强度下降了 36% 左右。

表 3-9　层号 125 处套管三次射孔剩余强度分析

次　数	射孔位置/m	孔密/(孔·m^{-1})	剩余强度系数	剩余强度/MPa
0 次	3 586.5～3 591.5		1	87
1 次	3 586.5～3 591.5	32	0.81	71
2 次	3 586.5～3 591.5	32	0.69	59
3 次	3 586.5～3 591.5	16	0.64	56

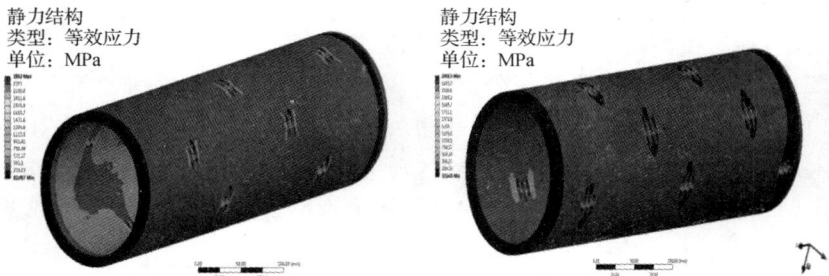

图 3-34　125 层重复射孔套管等效应力云图
(a)二次射孔；(b)三次射孔

建立新旧孔轴向相切的套管有限元模型，分析层号 163/1 处补的套管剩余强度值。见表 3-10，可以看出，套管剩余强度系数为 0.71，套管剩余强度为 70 MPa，抗内压强度下降了 30% 左右。由表 3-11 可以看出，层号 164/补 1、171、172 处套管剩余强度系数为 0.79，剩余强度为 79 MPa，套管强度降低了 21% 左右。

表 3-10　层号 163/补 1 处的射孔套管剩余强度分析结果

次数	射孔位置/m	剩余强度系数	剩余强度/MPa
0 次	4 512.1～4 519.7	1	100
1 次	4 512.1～4 519.7	0.87	86
2 次	4 512.1～4 519.7	0.79	78
3 次	4 512.1～4 519.7	0.71	70

表 3 - 11　层号 164/补 1、171、172 处剩余强度结果表

次数	射孔位置/m	剩余强度系数	剩余强度/MPa
0 次	4 533.5～4 537.6	1	100
1 次	4 533.5～4 537.6	0.87	86
2 次	4 533.5～4 537.6	0.79	79

3.5.4　全井射孔套管剩余强度结果汇总分析

根据前述的分析结果,汇总剩余强度数据如表 3 - 12 和图 3 - 35 所示。

表 3 - 12　全井射孔套管剩余强度及系数表

射孔层位/m	套管型号	剩余强度系数	剩余强度/MPa
3 153.5～3 156.4	Φ139.70 mm×9.17 mm P110	0.85	74
3 158.5～3 159.7	Φ139.70 mm×9.17 mm P110	0.85	74
3 159.6～3 161.2	Φ139.70 mm×9.17 mm P110	0.79	69
3 161.3～3 165.2	Φ139.70 mm×9.17 mm P110	0.85	74
3 165.2～3 166.3	Φ139.70 mm×9.17 mm P110	0.79	70
3 167.5～3 168.8	Φ139.70 mm×9.17 mm P110	0.79	70
3 168.8～3 172.2	Φ139.70 mm×9.17 mm P110	0.85	74
3 586.5～3 591.5	Φ139.70 mm×9.17 mm P110	0.64	56
3 586.5～3 591.5	Φ139.70 mm×9.17 mm P110	0.85	74
4 511.5～4 513.3	Φ139.70 mm×10.54 mm P110	0.86	86
4 512.1～4 519.7	Φ139.70 mm×10.54 mm P110	0.70	70
4522.6～4527.1	Φ139.70 mm×10.54 mm P110	0.78	78
4570.3～4572.3	Φ139.70 mm×10.54 mm P110	0.86	86
4573.5～4575.6	Φ139.70 mm×10.54 mm P110	0.83	83
4575.8～4581.3	Φ139.70 mm×10.54 mm P110	0.83	83

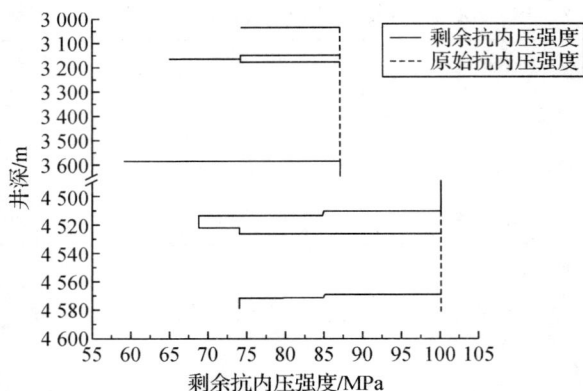

图 3-35　全井射孔段套管剩余强度变化

3.5.5　重复射孔侵彻套管剩余强度评价推荐做法研究

依据前述再生老井深井重复射孔套管剩余强度分析方法和程序,归纳总结重复射孔套管剩余强度评价基本推荐做法,供参考。

(1)依据原始射孔、试油数据,按照由上到下的射孔层位顺序,整理、排序每个射孔层位的套管型号、层数、射孔枪型、射孔参数、射孔次数等数据。

(2)参考钻井井史数据、层位地质参数数据、测井解释数据、试油数据等,分析各射孔层位对应的地层压力系数,得到套管外载荷参数。

(3)基于单孔板理论,形成考虑断裂损伤和应力集中的射孔套管剩余强度的分析方法,计算一次射孔套管的剩余强度。

(4)应用 ANSYS 软件,分析重复射孔套管的应力分布情况和变化规律,确定最不利分布重复射孔方式,确定轴向相切是最不利射孔形式,分析重复射孔套管剩余强度。

(5)根据重复射孔套管剩余强度分析过程和结果,形成再生老井深井全井所有射孔段的套管剩余强度数据。

(6)将得到各个射孔段套管剩余强度值作为再生老井恢复生产的初始强度值,根据后续不同工况计算套管的安全系数值,进行老井深井套管的强度安全性评价。

3.6　本　章　小　结

本章应用 LS - DYNA 软件,建立了弹-枪-液-套管三维模型,结合改进的 ALE 算法,分析了毛刺高度、胀枪幅度和套管强度安全性;应用 ANSYS 软件,根据某老井深井多段、多次射孔的真实工况,分析了重复射孔套管剩余强度,得到如下结论。

(1)一枚弹射孔能量转化为射流的转换率为 13.1%,三枚为 23.1%。射孔弹数增加,射流能量增加,产物能量减少,但二者的总能量增大。

(2)射孔枪产生外凸毛刺高度为 4.3 mm,套管外壁产生内外凸毛刺高度分别为 0.9 mm、1.8 mm,枪套间累计毛刺高度为 5.2 mm。若枪套间隙控制不合理,则易引起卡枪。射孔枪平均孔径为 18.7 mm,套管平均孔径为 7.7 mm,表明穿透盲孔消耗了很大能量,需合理优化盲孔壁厚。

(3)在射孔枪体各孔相连的宽 125 mm 带内,最小应力超过 774 MPa,大于其屈服强度,在高爆压作用下将向外鼓胀,引发胀枪。

(4)新旧孔轴向相切是二次和三次射孔套管剩余强度降低的最不利布孔模式。两种规格的二次射孔套管剩余强度分别降低 21% 和 22% 左右。三次重复射孔套管剩余强度降低 30% 左右。在常规设计中,套管的安全系数不小于1.25,当强度降低 20% 左右时,安全系数降到 1,存在安全隐患,因此提出老井深井重复射孔套管强度安全性评价基本推荐做法。

第 4 章　射孔激励下射孔段管柱动态响应机理研究

　　爆轰冲击载荷与射孔液压力脉动的激励作用,将诱发射孔段管柱振动,影响管柱强度安全。为了分析冲击载荷与射孔液压力脉动下管柱的动态响应机理,本章应用振动力学悬臂梁理论,构建射孔冲击载荷激励下的射孔段管柱动力学模型,得到管柱的纵横向和扭转下的振动微分方程,并应用分离变量法求解该方程,得到射孔段管柱振动主振型、固有频率及位移动态响应表达式;应用ANSYS 有限元软件 AUTODYN 模块,建立有限元瞬态模型,用 Euler 模型描述固壁边界的套管和弹性材料的管柱,用 Euler - Multimaterial 模型描述大变形射孔液和发生固液相变的射孔弹,模拟射孔液与套管、管柱的流固耦合作用,研究冲击载荷和射孔液压力脉动激励下射孔段管柱的动态响应机理。以常用 P110S 管材为例,进行高应变率冲击下的力学性能实验,从管材本身的动力学特性角度分析油套管柱动态响应特性,分析冲击应变率对管柱动力强度的影响规律,为动载作用下射孔管柱应力强度分析提供实验基础数据。

　　图 4 - 1 所示为本章主要研究对象示意图,可以看出,封隔器以下的射孔段管柱简化为悬臂梁模型,管柱外围是射孔液,射孔液外围是套管,套管外围是固井水泥环,水泥环外围是储层岩石。当对管柱动态响应进行分析时,考虑套管的固壁边界即可,可不考虑周围土体(储层岩石)的影响。

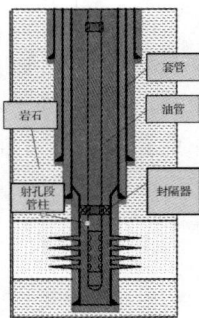

图 4 - 1　本章主要研究对象示意图

4.1　轴向射孔冲击载荷下射孔段管柱振动特性分析

　　射孔冲击波作用于射孔段管柱,振动管柱又反作用于射孔液,因此,管柱将受到爆轰冲击载荷及射孔液压力脉动产生的附加载荷,可将其分解为轴向、横向和扭转冲击载荷。下面应用 ANSYS 有限元软件,分别建立三种冲击载荷下射孔段管柱的动态响应模型,分析射孔段管柱的动态响应。

4.1.1　射孔段管柱动力学模型的建立

将封隔器处视为管柱的固定端,管柱底端自由,如图 4-2(a)所示,射孔段管柱可简化为悬臂梁。以封隔器与管柱相交处为原点,管柱轴线为 X 轴,向下为 X 轴正向。$u(x,t)$ 为在 t 时刻的、距原点 x 处的管柱截面纵向振动位移,单位为 m;L 为管柱长度,单位为 m;$f(x,t)$ 为单位管柱的纵向载荷,单位为 N/m。

如图 4-2(b)所示,取长度为 $\mathrm{d}x$ 的管柱微元体。E 为管柱材料弹性模量,Pa;ρ 为管材密度,单位为 $\mathrm{kg/m^3}$;F_N 是横截面的轴向力,单位为 N;A 为横截面积,单位为 $\mathrm{m^2}$。由达朗贝尔原理可得:

$$\rho A \mathrm{d}x \frac{\partial^2 u(x,t)}{\partial t^2} = \left(F_N + \frac{\partial F_N}{\partial x}\mathrm{d}x\right) - F_N + f(x,t)\mathrm{d}x \qquad (4-1)$$

式中:$\rho A \mathrm{d}x \cdot \partial^2 u(x,t)/\partial t^2$ 为微元上的惯性力,单位为 N;$F_N = EA \cdot \partial u(x,t)/\partial x$ 为横截面内力,单位为 N;EA 为常数。

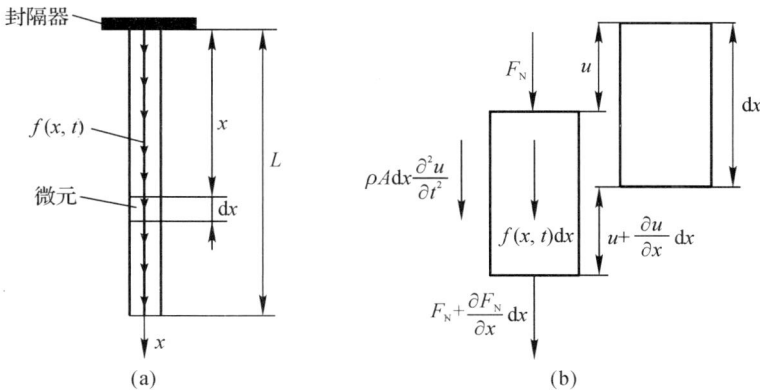

图 4-2　管柱轴向振动力学模型

(a)射孔段管柱物理模型;(b)射孔段管柱微元体

两边同时除以 $\rho A \mathrm{d}x$,得到管柱纵向一维振动微分方程式:

$$\frac{\partial^2 u(x,t)}{\partial t^2} = \frac{E}{\rho} \frac{\partial^2 u(x,t)}{\partial x^2} + \frac{1}{\rho A} f(x,t) \qquad (4-2)$$

封隔器视为固定约束,此处管柱位移为零;管柱最底端自由,则管柱两端的边界条件:

$$u(x,t)\big|_{x=0} = 0 \\ EA\,\frac{\partial u(x,t)}{\partial t}\bigg|_{x=L} = 0 \Bigg\} \tag{4-3}$$

未射孔时,管柱在自重下伸长,可将自重视为外载荷,将管柱未伸长时视为管柱的平衡态,初位移为零,则初始条件:

$$u(x,t)\big|_{t=0} = 0 \\ \frac{\partial u(x,t)}{\partial t}\bigg|_{t=0} = 0 \Bigg\} \tag{4-4}$$

4.1.2 射孔段管柱固有频率与主振型分析

管柱所受外载荷为零,即当式(4-2)中的 $f(x,t)=0$ 时,可得纵向管柱自由振动微分方程:

$$\frac{\partial^2 u(x,t)}{\partial t^2} = \frac{E}{\rho}\frac{\partial^2 u(x,t)}{\partial x^2} \tag{4-5}$$

设管柱为刚体,用分离变量法假设 $u(x,t)=U(x)T(t)$,$U(x)$ 是距原点 x 处管柱截面纵向振幅值,$T(t)$ 为描述运动规律的时间函数,则由式(4-5)可得

$$U(x)'' + \frac{k\rho}{E}U(x) = 0 \tag{4-6}$$

式中:k 为常数。

根据边界条件式(4-3)求解式(4-6),只有当 $k>0$ 时,式(4-6)才有非零解。假定 $k=\omega^2$,$\omega>0$,式(4-6)为常系数齐次线性微分方程,该方程有特解,求解得到管柱固有频率和主振型:

$$f_i = \frac{\omega_i}{2\pi} = \frac{2i-1}{4L}\sqrt{\frac{E}{\rho}} \tag{4-7}$$

$$U_i(x) = \sqrt{\frac{2}{\rho AL}}\cdot\sin\left(\frac{2i-1}{2L}\cdot\pi x\right) \tag{4-8}$$

式中:f_i 为各阶固有频率,单位为 Hz;ω_i 为各阶固有角频率,单位为 rad/s;i 为正整数。

4.1.3 轴向冲击载荷作用下管柱动态响应分析

只考虑轴向载荷的作用,考虑管柱自重,等效为沿管柱轴向均布外载荷,管柱的轴向外载为

$$f(x,t) = -F(t)\delta(x-L) + \rho Ag \tag{4-9}$$

式中:δ 为单位脉冲函数;$F(t)$是冲击载荷变化函数。

如图 4-3 所示,在管柱上施加 $F(t)$的冲击载荷,随着管柱位置的变化,得到管柱整体的冲击载荷值,作用于管柱,分析管柱的动态响应。

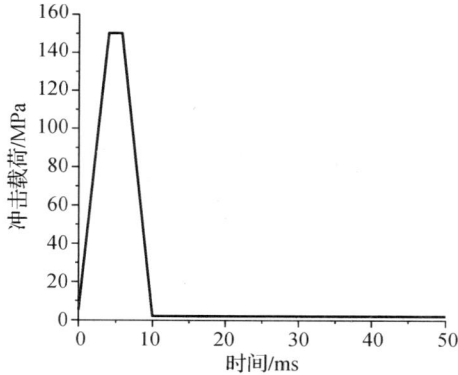

图 4-3 轴向射孔冲击载荷 $F(t)$曲线

将式(4-9)转化成正则坐标下的广义力公式:

$$q_i(t) = -\sqrt{\frac{2}{\rho AL}} \cdot F(t) \cdot \sin\left(\frac{2i-1}{2} \cdot \pi\right) +$$

$$\frac{2g}{(2i-1)\pi} \cdot \sqrt{2\rho AL} \cdot \left(1 - \cos\frac{2i-1}{2} \cdot \pi\right) \qquad (4-10)$$

由多自由度系统的展开法,将位移响应展开成正则振型的无穷级数序列,管柱的位移响应公式为

$$u(x,t) = \sum_{i=1}^{\infty} \frac{1}{2\pi f_i} \cdot U_i(x) \cdot \int_0^t q_i(\tau)\sin 2\pi f_i(t-\tau)\mathrm{d}\tau \qquad (4-11)$$

式中:i 为正整数;t 为时间积分变量。

结合式(4-10)和式(4-11),可用数值积分法求解管柱的位移响应。

4.1.4 轴向冲击载荷下管柱动态响应有限元分析

射孔冲击载荷随时间变化,瞬间加载,为了分析射孔爆轰下管柱的瞬态响应过程,应用 ANSYS 软件 Workbench 模块中的瞬态动力学方法分析射孔段管柱的动态响应。建立 Φ88.90 mm×9.52 mm P110 油管柱的三维模型,管柱长度为 20 m,管柱外径为 88.90 mm,管柱内径为 69.86 mm,弹性模量为 2.06×10^5 MPa,泊松比为 0.3,屈服强度为 758 MPa,密度为 7.85 g/cm³。用六面体八节点实体单元划分管柱,用映射法划分网格,模型局部如图 4-4 所示,共有

24 160个单元和169 200个节点。

管柱上端受到封隔器的限制,采用固定约束,下端为自由约束。爆轰前管柱仅受自重,速度和加速度为零。图4-3是施加的载荷-时间曲线,峰值压力为150 MPa,加载时间为50 ms。

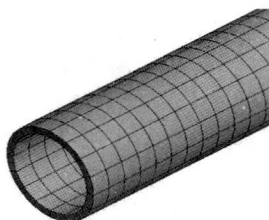

图4-4　管柱有限元模型局部

(1)解析解与有限元解的固有频率值对比。运用模态分析法得到管柱前6阶振动固有频率值,见表4-1。二者的管柱固有频率值很接近,最大相差7.3%,说明用 ANSYS Workbench 中的瞬态动力学方法分析管柱的动态响应满足精度要求。

表4-1　射孔段管柱轴向振动固有频率

阶　　次	1	2	3	4	5	6
解析解/Hz	65	193	322	450	575	703
有限元解/Hz	68	205	343	467	605	754
相对误差/(%)	6.3	6.8	7.3	4.3	5.1	7.1

(2)管柱轴向动态响应关键量分析。如图4-5所示,使用 MATLAB 处理有限元结果数据,得到管柱底端位移变化规律,负号代表管柱压缩,正号代表管柱拉伸。管柱振动位移随时间变化曲线近似于正弦变化,周期约为16 ms,振幅值约为24 mm。初始阶段,管柱上移为负,8 ms时达到最大位移值24 mm,随后管柱做周期振动。

如图4-6所示,管柱轴向速度随时间的变化近似于正弦曲线,周期约为16 ms,振幅为9.5 m/s。初始阶段,管柱向上运动,5 ms时速度达到6 m/s,随后射孔段管柱向下运动,12 ms时射孔段管柱速度达8.2 m/s。共出现3个速度波峰和波谷,速度与位移的变化趋势相似。如图4-7所示,管柱底端轴向加速度变化幅度最大,8 ms时,加速度达最大值326 m/s²,周期约16 ms。共出现3个加速度波峰及波谷,最大加速度为380 m/s²。考虑封隔器的约束作用,该处管柱端面将出现应力集中,如图4-8所示,该处管柱的 Mises 应力随时间变化的周期约为8 ms,等效应力最大约为400 MPa,是冲击载荷的2.7倍左右。在爆轰前 4 ms 内的初始阶段,封隔器处管柱的等效应力为零,冲击载荷传播需要一个过程。随后,应力波向上传播,在 4 ms 时传到封隔器,管柱的等效应力开始增加,8 ms 时等效应力出现第一个波峰 350 MPa。4 ms 时,应力波从底端传到顶端,可推算在管体内应力的速度约为 5 000 m/s。

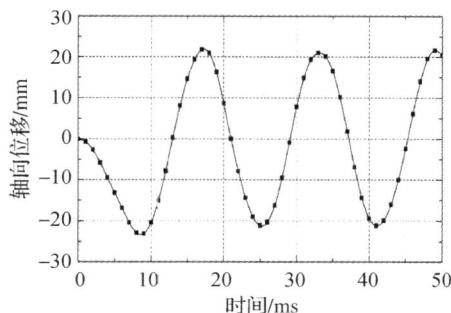

图 4 - 5　管柱底端轴向位移变化曲线

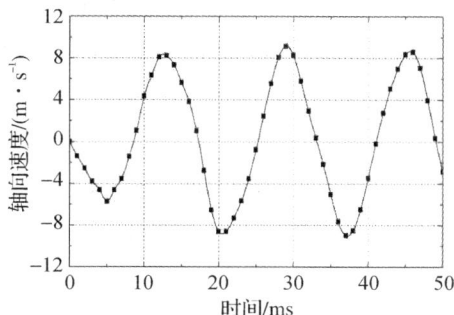

图 4 - 6　管柱底端轴向速度变化曲线

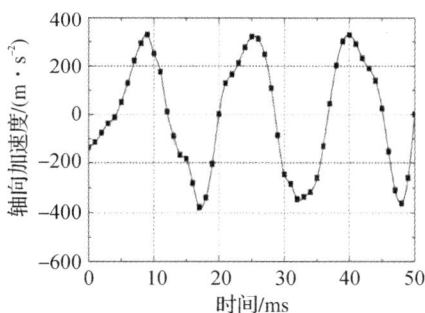

图4 - 7　射孔段管柱底端轴向加速度变化

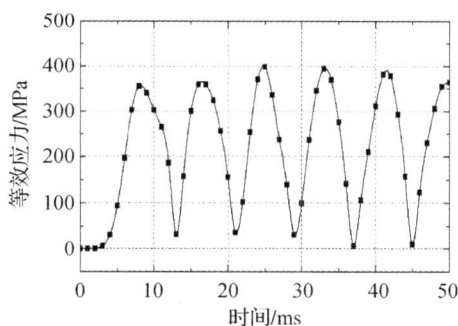

图4 - 8　轴向载荷下封隔器处管柱等效应力变化

对比理论和有限元分析结果可以看出,二者的管柱固有频率值最大相差 7.3%。4 ms 时,应力波从底端传到顶端,可推算在管体内应力的速度约为 5 000 m/s,这与油田常用导爆索的传导速度 4 660 m/s 相差 6.7%,从两个方面验证了数值分析的精度。

4.2　横向冲击载荷下射孔段管柱振动特性分析

基于悬臂梁振动理论,仅考虑横向冲击载荷,建立管柱横向振动模型和横向振动微分方程,分析管柱的振动特性。

4.2.1　管柱横向振动力学模型建立

假设管柱截面中心的主惯性轴共面,做横向运动,在管柱底端施加载荷,以弯曲变形为主。当振动频率低时,忽略剪切作用。

如图 4-9 所示,建立坐标系,取微元管柱 dx,管柱横截面上的剪力为 F_s,弯矩为 M,惯性力为 $\rho A dx \cdot \partial^2 u(x,t)/\partial t^2$,图中所有载荷均按正向画出。

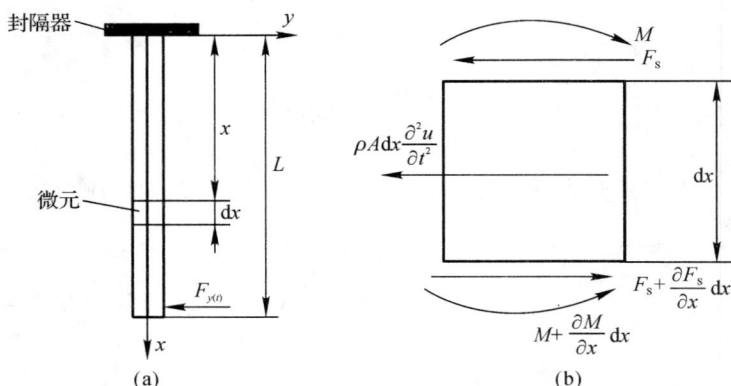

图 4-9　射孔段管柱横向振动力学模型
(a)射孔段管柱横向振动物理模型;(b)射孔段管柱横向振动微元体

基于达朗贝尔惯性原理,得到管柱横向振动微分方程:

$$EI\frac{\partial^4 y(x,t)}{\partial x^4} + \rho A \frac{\partial^2 y(x,t)}{\partial t^2} = f(x,t) \qquad (4-12)$$

式中:E 为弹性模量,单位为 Pa;I 为惯性矩,单位为 mm^4;$y(x,t)$ 为距原点 x 处截面在 t 时刻的横向位移,单位为 m;ρ 为管材密度,单位为 kg/m^3;A 为横截面积,单位为 m^2;$f(x,t)$ 为单位横向载荷,单位为 N/m。

4.2.2　横向冲击下管柱动态响应数值分析

以高压深井常用 $\Phi88.90$ mm$\times9.52$ mm P110 的油管柱为例,应用 ANSYS 软件,建立横向载荷下射孔段管柱三维有限元模型,施加横向载荷,分析管柱的动态响应。

(1)管柱横向振动固有频率分析。如图 4-10 所示,对射孔段管柱进行模态分析,得到横向振动射孔段管柱前六阶的固有频率。一阶频率为 30.75 Hz,二阶至六阶频率分别为 93 Hz、153 Hz、216 Hz、277 Hz、338 Hz，分别是一阶的 3、5、7、9、11 倍左右，较轴向振动固有频率小 50%。

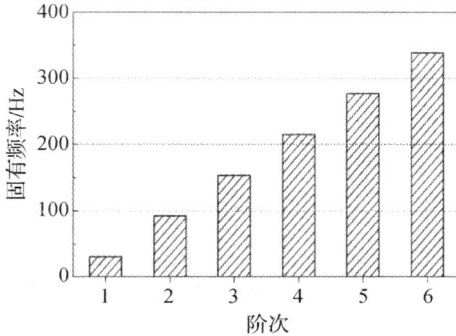

图 4-10　横向振动管柱前六阶固有频率

（2）横向振动特性关键量分析。管柱振动位移呈 38 ms 周期性波动，管柱底端位移振幅最大为 1.8 mm，如图 4-11 所示。正负号表示两个相反方向的管柱横向振动位移，12 ms 时出现首个 1.8 mm 的波峰，共出现了 1 个波谷和 2 个波峰。

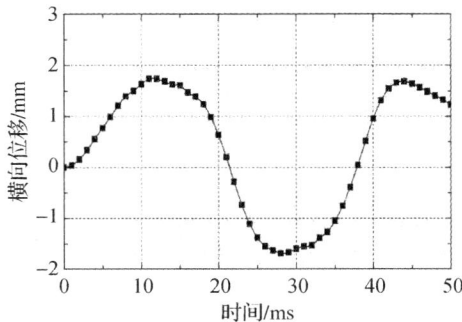

图4-11　射孔段管柱底端横向位移变化曲线

图 4-12 和图 4-13 所示分别为管柱底端横向速度和加速度变化曲线。管柱底端速度最大为 0.5 m/s，加速度最大为 13 m/s²。速度出现 1 个波峰和 1 个波谷，以及微小的附属波峰和波谷。22 ms 时速度达到波谷 0.5 m/s。出现加速度的 5 个波峰和 4 个波谷，幅值差距很大。

如图 4-14 所示，Mises 等效应力随时间呈现 24 ms 的周期变化。共出现 3 个波峰，波谷内有应力的微小波动。当冲击载荷未传到封隔器时，封隔器处管柱的等效应力为零。7 ms 时，应力波到达封隔器，等效应力开始增大。

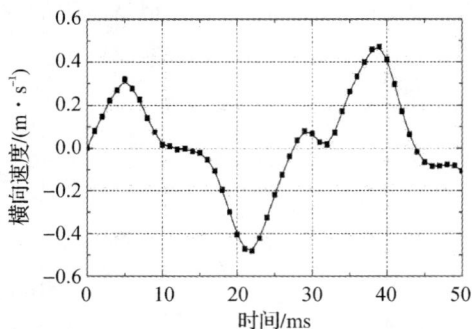

图 4 - 12　射孔段管柱底端横向速度变化　　图 4 - 13　射孔段管柱底端横向加速度变化

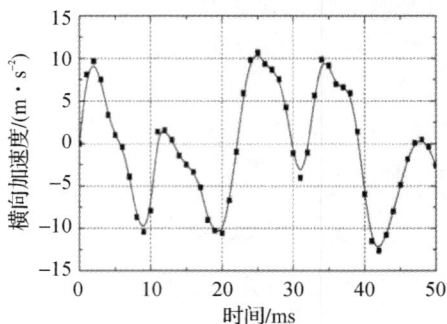

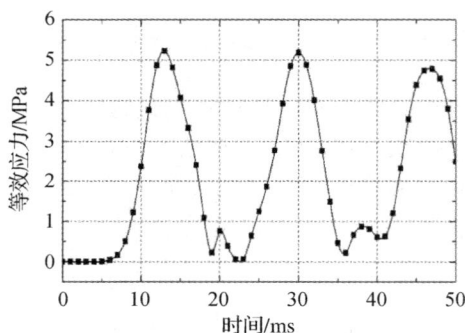

图 4 - 14　横向载荷下封隔器处管柱等效应力变化

4.3　扭转冲击下管柱振动特性分析

依据悬臂梁振动理论,建立扭转冲击下管柱振动模型。应用 ANSYS 软件,分析管柱振动关键参数的动态响应。

4.3.1　扭转载荷下管柱振动模型的建立

射孔段管柱可简化为封隔器为固定端的悬臂梁,如图 4 - 15 所示,设在扭转振动过程中管柱截面始终保持为平面,管柱轴线作为 X 轴,$\varphi(x,t)$ 为距原点 x 处管柱截面在 t 时刻的角位移。取管柱微元 $\mathrm{d}x$,管柱截面扭矩为 M_T,微元上的惯性力为 $\rho I_\mathrm{P}\mathrm{d}x \cdot \partial^2 u(x,t)/\partial t^2$。依据达朗贝尔原理,得到管柱扭转振动微分方程：

$$\frac{\partial^2 \varphi(x,t)}{\partial t^2} = \frac{G}{\rho} \cdot \frac{\partial^2 \varphi(x,t)}{\partial x^2} + \frac{1}{\rho I_P} \cdot f(x,t) \qquad (4-13)$$

式中：$\varphi(x,t)$ 为 t 时刻距原点 x 处管柱截面的角位移，单位为（°）；G 为剪切弹性模量，单位为 Pa；ρ 为管材密度，单位为 kg/m³；I_P 为截面极惯性矩，单位为 mm⁴；$f(x,t)$ 为单位扭转载荷，单位为 N/m。

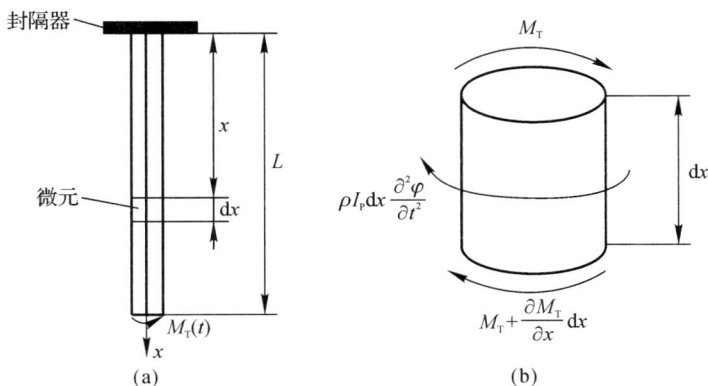

图 4-15　扭转管柱振动力学模型
(a)射孔段管柱扭转振动物理模型；(b)射孔段管柱扭转振动微元体

4.3.2　射孔段管柱扭转动态响应分析

以高压深井常用 Φ88.90 mm×9.52 mm P110 的管柱为例，用 ANSYS 有限元软件，构建射孔段管柱三维扭转模型，分析管柱的动态响应。

(1)射孔段管柱扭转振动固有频率分析。如图 4-16 所示，应用 ANSYS 软件，分析射孔段管柱的模态，得到管柱前六阶扭转振动的固有频率。一阶频率为 39.13 Hz，二至六阶频率分别为 116 Hz、197 Hz、274 Hz、352 Hz、430 Hz，为一阶频率的 3、5、7、9、11 倍，较轴向振动固有频率小。

(2)射孔段管柱扭转位移、速度、加速度及等效应力分析。如图 4-17 所示，射孔段管柱扭转振动位移随时间呈现 25 ms 周期性变化，近正弦曲线规律，最大振幅为 3.5 mm，共出现了 2 个波峰和波谷。扭转位移较轴向振动小很多。如图 4-18 和图 4-19 所示，扭转振动速度与加速度随时间呈现 25 ms 周期变化规律，管柱底端速度和加速度振幅最大，峰值速度为 1.2m/s，峰值加速度为 35 m/s²。共出现 2 个波谷和波峰。6 ms 时出现首个小波峰，18 ms 时速度降到波谷 1.2 m/s，波峰最大值为 351 m/s²，波谷为 260 m/s²。

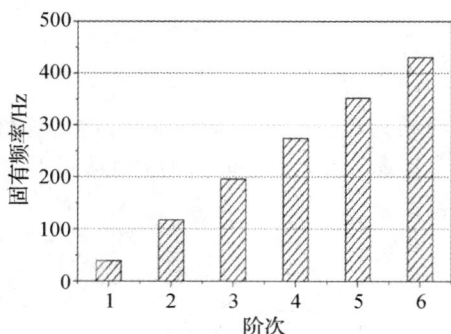

图 4 - 16　扭转振动前六阶固有频率

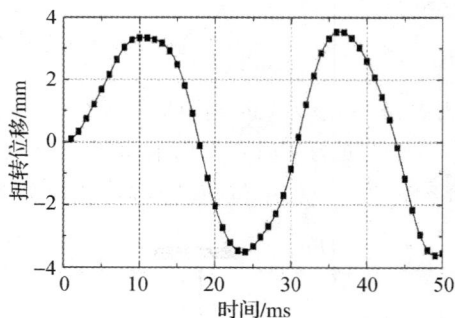

图 4 - 17　管柱底端扭转位移变化

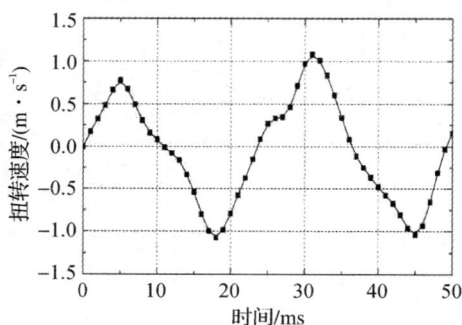

图 4 - 18　射孔段管柱底端扭转速度变化

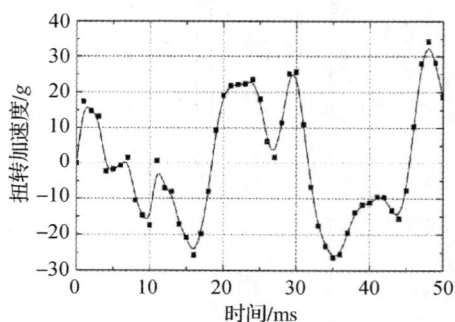

图 4 - 19　射孔段管柱底端扭转加速度变化

如图 4 - 20 所示,Mises 等效应力以 14 ms 周期性波动,共出现了 3 个波谷和波峰,还存在次级波动。

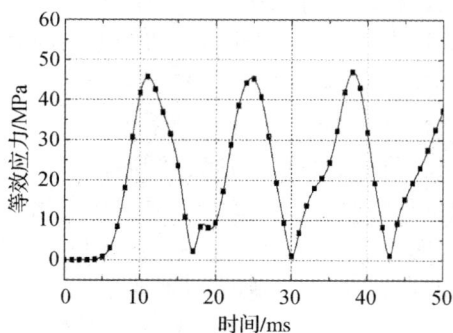

图 4 - 20　扭转冲击载荷下封隔器处等效应力变化曲线

4.4　冲击载荷及压力脉动激励下管柱动态响应机理研究

本节应用 ANSYS 有限元软件 AUTODYN 模块,建立有限元瞬态模型,用 Euler 模型描述固壁边界的套管和弹性材料的管柱,用 Euler - Multimaterial 模型描述大变形射孔液和发生固液相变的射孔弹,自动引爆射孔弹,模拟射孔液与套管、管柱的流固耦合作用,研究冲击载荷和射孔液压力脉动激励下射孔段管柱的动态响应机理。

4.4.1　冲击载荷及压力脉动激励下管柱动态响应模型的建立

应用 AUTODYN 模块,基于 Euler - Multimaterial 方法,以 DN2 - 25 井为例,采用 Φ73.02 mm×7.82 mm P110 管柱和 Φ177.80 mm×12.65 mm TP140 套管组合。因工作站计算速度有限,按比例缩小有限元模型,总长为 11 m,射孔段顶端至封隔器长为 5 m,布置 16 颗射孔弹,相位角为 60°,长度为 1 m,射孔段以下长为 5 m,轴向弹间距离为 62.5 mm,采用球形装药,HMX 装药为 45 g、密度为 1.3 g/cm³、半径为 20.2 mm。

封隔器下端坐标为(0,0),管柱底端坐标为(11 000,0)。设置(0,0)处为"Flow out"边界,物质和能量自由交换,设置位移为固定边界;设置(0,11 000)为"刚性边界"。导爆索长度为 80 mm,导爆索炸药 RDX 的爆速介于 7 000～8 500 m/s 之间,则相邻弹间的引爆间隔为 10 μs。如图 4 - 21 所示,套管节点数为 4 513,单元数为 3 408;管柱节点数为 1 612,单元数为 988;射孔液节点数为 12 224,单元数为 12 121。

模型中设定 6 个不同的观测点,如图 4 - 22 所示,考察压力脉动和管柱动态响应关键参数变化,表 4 - 2 是具体单元、节点的坐标及位置。

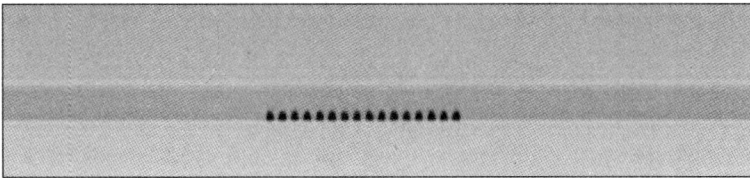

图 4 - 21　射孔弹(球形装药)井下爆炸数值计算模型

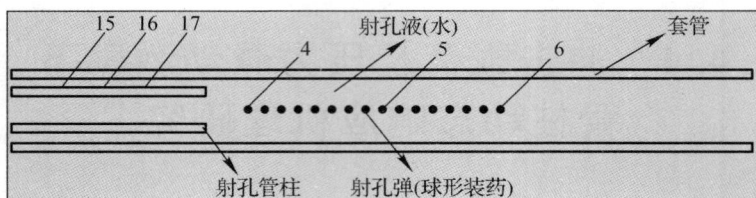

图 4-22　有限元模型中记录点的位置

表 4-2　有限元模型中观测点的坐标

编　号	节　点	单　元	X 坐标/mm	Y 坐标/mm
4 点	2	1 262	5 000	0
5 点	2	1 387	5 500	0
6 点	2	1 512	6 000	0
15 点	3	262	1 000	32.6
16 点	3	512	2 000	32.6
17 点	3	762	3 000	32.6

4.4.2　爆轰瞬间能量变化情况分析

如图 4-23 所示,在前 3.7 μs,5 点的能量值较低,保持在 0.3×10^5 J/kg 左右,4 和 6 点保持在 4.0×10^6 J/kg 左右,是 5 点的 10 倍左右。5 点在爆轰中心区域,但是能量却最低,说明爆轰气体瞬间填充射孔枪内的空腔,引发能量"真空区"。在 3.7~8 μs 之内,各点能量相对稳定,保持在 3.5×10^6 J/kg 左右,随后振荡,直至恢复初始状态。

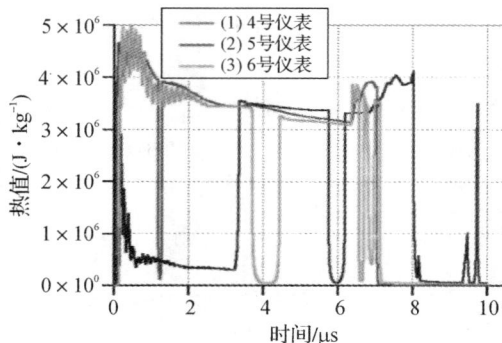

图 4-23　射孔弹间射孔液能量变化曲线

4.4.3　射孔液和射孔管柱振动速度和加速度 Euler - Multimaterial 分析

图 4 - 24 所示是不同位置射孔管柱的轴向速度变化情况,15、16 和 17 点速度持续增大,峰值速度为 30 m/s 左右。图 4 - 25 所示是不同位置射孔管柱的径向速度变化情况,15、16 和 17 点速度对称振荡,峰值速度为 15 m/s 左右。图4 - 26 所示是射孔液轴向速度波动情况,4 点峰值向上速度为 480 m/s 左右,5 点速度几乎无变化,6 点峰值向下速度为 1 500 m/s 左右。初步分析认为,顺序引爆的射孔弹存在时差,在 6.3 μs 引爆底端最后一颗射孔弹,先引爆射孔弹产生的爆轰波也传到该点,叠加后达到峰值速度。图 4 - 27 所示是射孔液径向速度波动情况,6.3 μs 的峰值速度为 266 m/s 左右。

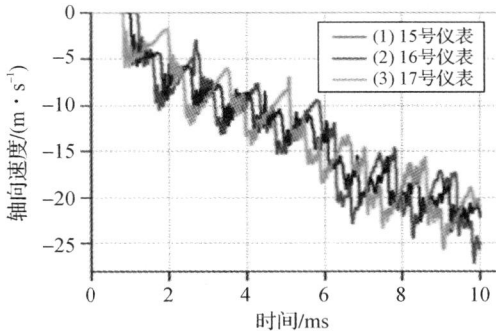

图 4 - 24　管柱上各观测点轴向速度变化

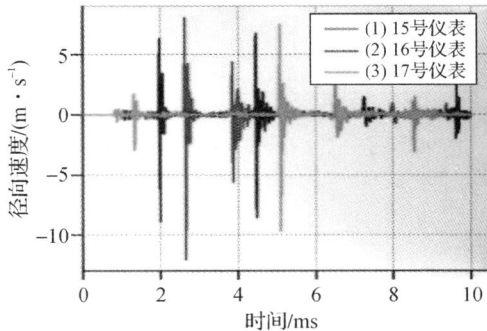

图 4 - 25　管柱上各观测点径向速度变化

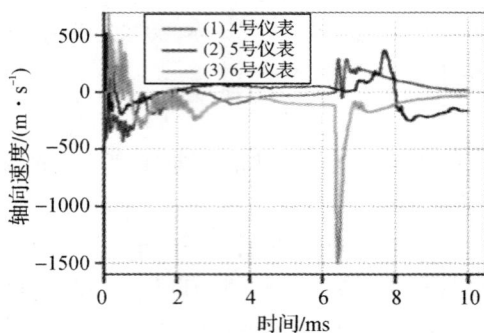

图 4 - 26　弹间射孔液轴向速度变化

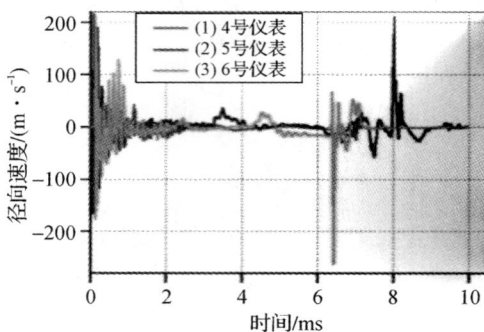

图 4 - 27　射孔弹间射孔液径向速度变化

图 4 - 28 所示是不同位置射孔管柱轴向加速度波动情况,大小和方向呈现 3 ms 周期变化,4 ms 时 17 点正向峰值加速度为 463 m/s² 左右。图 4 - 29 所示是不同位置射孔管柱径向加速度波动情况,7 ms 时 17 点反向峰值加速度为 564 m/s² 左右。

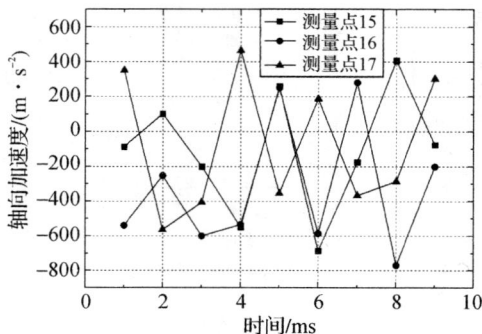

图 4 - 28　射孔段管柱轴向加速度变化

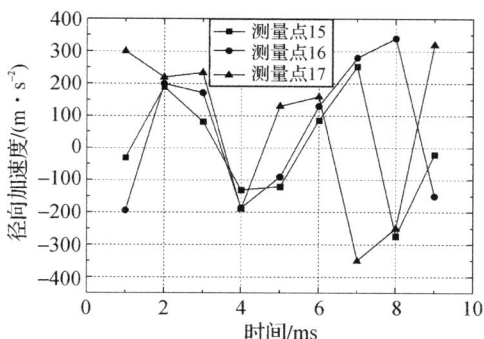

图 4 - 29 射孔管柱径向加速度变化

4.4.4 射孔管柱应力和弹间射孔液压力脉动 Euler - Multimaterial 分析

图 4 - 30 所示是不同位置射孔管柱应力波动情况,管柱应力持续增大,15、16 和 17 点先后出现峰值应力 288 MPa、279 MPa 和 218 MPa,15 点距离封隔器最近。根据应力大小和出现的位置规律可以看出,距离封隔器越近,其应力值越大,如果在冲击载荷和射孔液脉动压力的共同作用下管柱发生损坏,应该发生在近封隔器处。这是近封隔器处管柱振弯、振断现象的原因。

图 4 - 31 所示是不同位置压力脉动情况。引爆初始,爆轰产物还未扩散,5 点压力峰值为 865 MPa。随着气体急速扩散,压力骤降约 46 MPa,4 和 6 点峰值压力分别为 606 MPa 和 528 MPa 左右。6.2 ms 各点压力波动增加,5 点压力升高 110 MPa 左右。分析认为,当爆轰气体扩张到某一界限值时,射孔液因重力作用回落,持续挤压气体,使得压力增大。

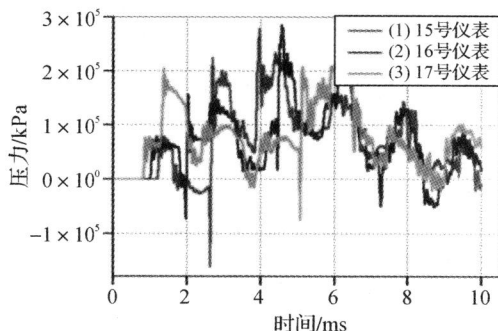

图 4 - 30 射孔管柱应力变化曲线

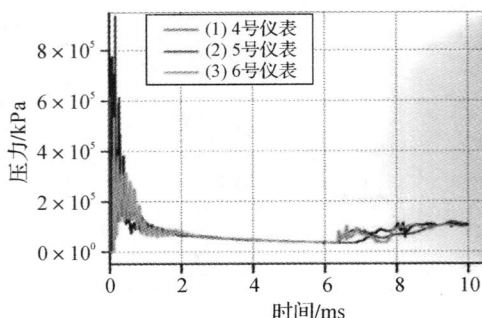

图 4 - 31　射孔弹间压力变化曲线

　　综上所述,在冲击载荷和射孔液脉动压力共同作用下,近封隔器管柱上的应力值更大,结合前述的能量、密度也在近封隔器处更大的结论,再一次解释了近封隔器处管柱振弯、振断现象的原因。

4.5　动载作用下常用石油管材料力学性能实验研究

　　油管柱在生产服役过程中常承受流体诱发振动、射孔冲击等动载作用,引起管柱塑性弯曲、断裂等事故。本节以常用 P110S 管材为例,进行管材轴向拉伸实验和高应变率冲击下的力学性能实验,以量化动载系数和动载作用下管材屈服强度提高的幅度,为动载下的管柱强度安全性分析提供基础数据。

4.5.1　常用 P110S 管材静力学实验研究

　　为了比较不同材料的同一力学性质,国际上规定了拉伸试件尺寸的标准。本次实验试件采用矩形截面,按国标《金属材料室温拉伸试验方法》(GB/T 2008—2002)[148]的要求,需满足下式:

$$L_0 = 11.3\sqrt{S_0} \tag{4-14}$$

式中:L_0 为拉伸试件长度,单位为 mm;S_0 为试件矩形横截面积,单位为 mm²。

　　如图 4 - 32 所示,同规格试件加工 4 组,截面尺寸为 19.05 mm×9.19 mm 矩形,计算长度 150 mm,两端夹持部分各约为 10 mm,总长度约为 170 mm。

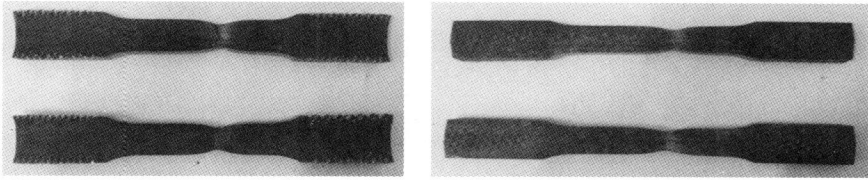

图 4 - 32　P110S 管材轴向拉伸实验试件

下面记录、提取 4 组实验的 3 906 个数据,部分数据见表 4 - 3。为了避免偶然性数据带来实验偏差,如图 4 - 33、图 4 - 34 所示,用 4 组实验数据的平均值绘制应力应变曲线。实验测得 P110S 管材屈服强度为 776 MPa 左右,比标称值 758 MPa 高出 2.2 % 左右;P110S 管材强度极限 σ_b = 836 MPa,强屈比为 1.09,基于钢材的韧性要求强屈比大于 1.25 是合理的,说明 P110S 管材韧性不足,容易发生脆断。

表 4 - 3　P110S 管材轴向拉伸实验部分数据

组　数	施加负荷/kN	试件位移/mm	试件变形/mm	试件应力/MPa
1 369	127.25	12.45	1.89	658.07
1 370	127.40	12.47	1.91	658.93
1 371	127.42	12.48	1.92	659.02
1 372	127.42	12.48	1.92	659.02
1 373	127.40	12.49	1.93	658.93
1 374	127.40	12.49	1.93	658.89
1 375	127.40	12.49	1.93	658.89
1 376	127.55	12.50	1.94	659.77
1 377	127.66	12.51	1.95	660.41
1 378	127.66	12.52	1.96	660.40
1 379	127.55	12.53	1.97	659.78
1 380	127.55	12.53	1.97	659.75
1 381	127.55	12.53	1.97	659.76
1 382	127.67	12.54	1.98	660.45
1 383	127.78	12.55	1.99	661.10
1 384	127.8	12.56	2.00	661.20
1 385	127.81	12.56	2.00	661.25

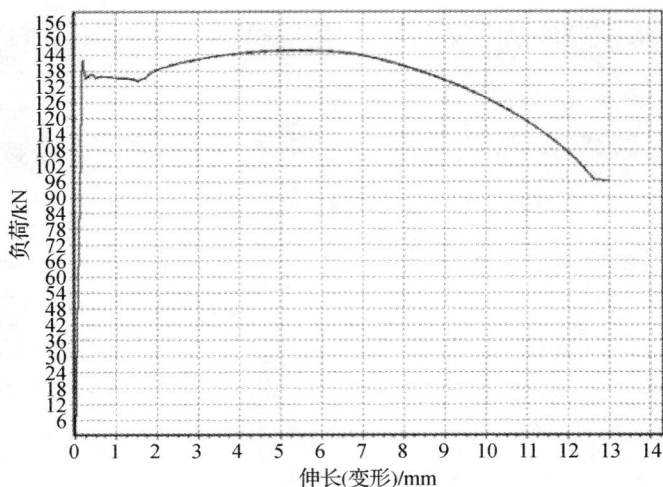

图 4 - 33　P110S 管材轴向拉伸负荷与变形曲线

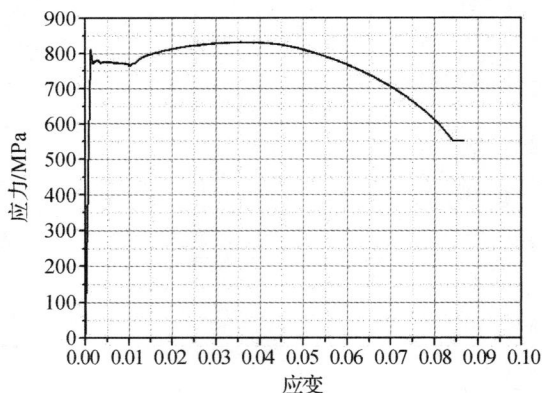

图 4 - 34　P110S 管材轴向拉伸应力与应变曲线

4.5.2　高应变率下 P110S 管材力学实验研究

如图 4 - 35 所示，加工 P110S 油管材料，形成 15 个 Φ5 mm×5 mm 实心圆柱体，做 15 组补充实验。

图 4 - 36 所示，实验装置为霍普金森(Hopkinson)压杆系统，主要用于测试金属材料在高应变率 $10^2 \sim 10^4$ s^{-1} 载荷下的力学性能。根据应力波理论[149]，获

取应力、应变与应变率：

$$\left.\begin{array}{l} \sigma_s = E\left(\dfrac{A_b}{A_s}\right)\varepsilon_T \\[2mm] \varepsilon_s = -\left(\dfrac{2C_0}{l_s}\right)\displaystyle\int_0^t \varepsilon_R \, \mathrm{d}t \\[2mm] \dot{\varepsilon}_s = -\left(\dfrac{2C_0}{l_s}\right)\varepsilon_R \end{array}\right\} \qquad (4-15)$$

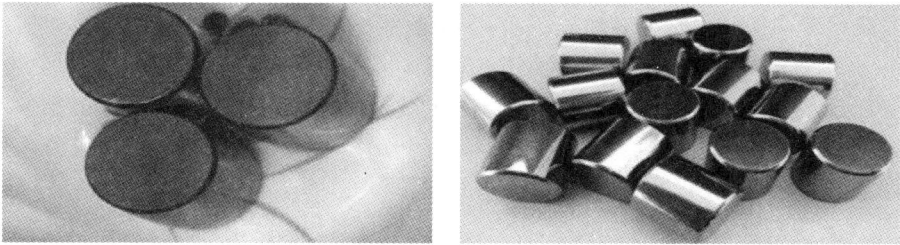

图 4 - 35　P110S 管材高应变率动载荷冲击实验试件

式中：E 为高强钢压杆的弹性模量，单位为 Pa；A_b、A_s 为压杆和试样的横截面积，单位为 mm^2；ε_T 为透射杆采集到的透射应变信号；C_0 为压杆弹性波速，单位为 m/s；ε_R 为入射杆采集到的反射应变信号；l_s 为试样的长度，单位为 m。

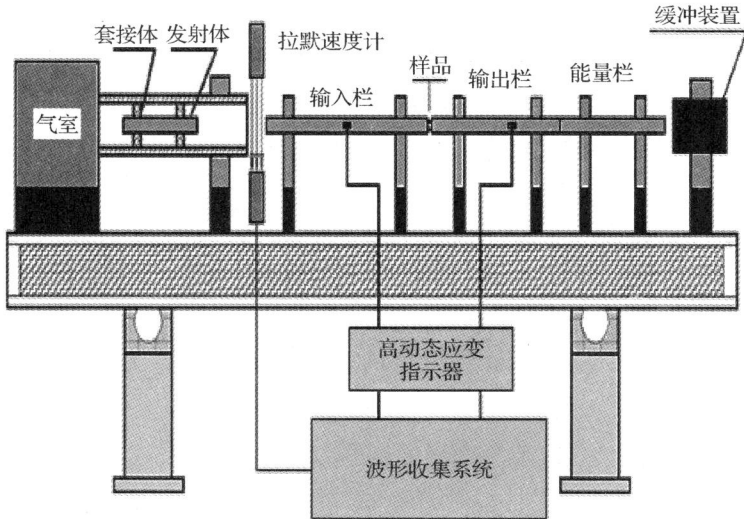

图 4 - 36　霍普金森压杆实验装置示意图

通过减小压杆半径、选用透射波处理数据以及在打击端附上柔性介质,可以减小径向变形引起的弥散效应。通过去除实验开始阶段波动数据的方式,可以减小波动效应产生的数据失真现象。为了避免偶然性数据引起实验偏差,取 1 组 3 只试件,进行 5 组同类型实验,取每组实验数据平均值。其中,2 组 500 s⁻¹ 应变率实验,3 组 1 000 s⁻¹ 应变率实验。实验记录了 2 166 个数据,部分数据见表 4－4。

图 4－37 所示为不同应变率对应的应力应变曲线,500 s⁻¹ 应变率下的两条曲线几乎重叠,P110S 管材屈服强度平均值为 895 MPa 左右,比静载实测值高 15.5% 左右;强度极限为 990 MPa 左右,较静载实测值高 18.6% 左右。1 000 s⁻¹ 应变率下的三条曲线几乎重叠,P110S 管材屈服强度为 1 096 MPa 左右,比静载实测值高约 41.4%;强度极限为 1 201 MPa 左右,较静载实测值高约 43.8%。

表 4－4　高应变率的动载冲击下 P110S 管材力学实验的部分数据

应力/MPa	应变	应力/MPa	应变	应力/MPa	应变	应力/MPa	应变
500 s⁻¹		500 s⁻¹		1 000 s⁻¹		1 000 s⁻¹	
72.762	0.079	94.036	0.185	207.307	0.187	80.977	0.193
70.975	0.079	95.459	0.185	206.871	0.187	80.375	0.193
70.245	0.079	94.451	0.185	205.58	0.187	80.070	0.193
67.950	0.079	92.795	0.185	206.634	0.187	79.713	0.193
67.338	0.079	93.449	0.185	203.687	0.187	77.909	0.193
66.025	0.079	91.936	0.185	200.663	0.187	79.801	0.193
65.705	0.079	89.449	0.185	202.089	0.187	79.295	0.193
66.027	0.079	90.646	0.185	197.467	0.187	78.029	0.193
62.312	0.079	87.264	0.185	196.646	0.187	78.573	0.193
61.212	0.079	86.581	0.185	192.989	0.187	75.918	0.193
59.672	0.079	87.922	0.185	192.992	0.187	74.229	0.193
60.250	0.079	81.319	0.185	200.682	0.187	74.231	0.193
65.068	0.079	87.541	0.185	198.122	0.187	72.541	0.193
57.362	0.079	79.885	0.184	200.688	0.187	79.306	0.193
51.583	0.079	74.143	0.184	198.128	0.187	79.307	0.193

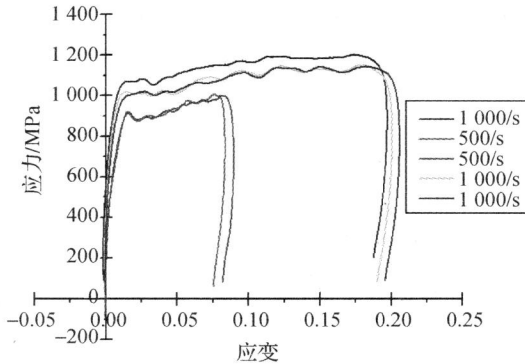

图 4-37　不同应变率对应的 P110S 管材应力应变曲线

4.5.3　高应变率下常用 P110S 管材动力强度安全系数分析

射孔冲击和流体诱发是管柱承受的主要动载,合理分析两种情况下的动载系数是有众多影响因素的综合性问题。文献[143]给出了机械设备动载系数表,表中列出了 48 种常用动载系数,介于 1.2～1.5 之间的有 19 种,介于 2.0～5.0 之间的有 29 种。表 4-5 是另一可参考的动载系数资料。综上考虑,流体诱发振动取轻冲击上限 1.20,射孔冲击振动可取 1.2～1.8 的中间值 1.5。

在 500 s^{-1} 应变率下,对应流体诱发引起的管柱振动,屈服强度提高 1.156 倍,动载系数为 1.200,相对静载,强度降低 4.5% 左右;在 1 000 s^{-1} 应变率下,对应射孔引起的振动,屈服强度提高系数为 1.414,动载系数为 1.50,相对静载,强度降低 8.6% 左右。

表 4-5　不同工况下常用钢材动载系数

动载类型	动载系数	取用范围
轻冲击、低频冲击	1.0～1.2	汽轮机、电机、水泵、通风机等
中等惯性力或中等冲击	1.2～1.8	动力机械、车辆、造纸机、起重机、选矿机、冶金机械、机床、卷扬机
强冲击、高频冲击	1.8～3.0	轧钢机、破碎机、振动筛、钻探机

4.6 本章小结

本章应用悬臂梁振动理论,建立了射孔冲击下的管柱力学模型和纵横向以及扭转射孔段管柱振动微分方程,求解得到了管柱振动主振型、固有频率和位移响应式。应用 ANSYS 有限元软件 AUTODYN 模块,分析了冲击载荷和射孔液压力脉动激励下射孔段管柱的动态响应。以常用 P110S 管材为研究对象,先后进行了轴向拉伸实验和高应变率下的管材力学实验。得到如下结论和建议。

(1)建立了管柱主振型和固有频率以及位移响应公式,固有频率的解析解和有限元解相近,最大相差 7.3%;管柱轴向位移、速度和加速度随时间呈现 16 ms 周期性变化;近封隔器处等效应力约为 400 MPa,等效应力最大,封隔器处管柱是存在应力集中的危险截面。

(2)爆轰气体瞬间填充射孔枪内空腔区域,能量出现真空区,导致爆轰中心能量最低,射孔液的向下峰值速度为 1 500 m/s。射孔管柱轴向加速度大小和方向呈现 3 ms 周期变化,管柱正反向峰值加速度分别为 463 m/s^2、564 m/s^2。在冲击载荷和射孔液脉动压力共同作用下,近封隔器管柱上的应力值更大,结合前述的能量、密度也在近封隔器处更大的结论,再一次解释了近封隔器处管柱振弯、振断的现象的原因。

(3)在 500 s^{-1} 应变率下,对应流体诱发引起的管柱振动,屈服强度提高 1.156 倍,动载系数为 1.200,相对静载,强度降低约 4.5%;在 1 000 s^{-1} 应变率下,对应射孔引起的振动,屈服强度提高系数为 1.414,动载系数为 1.50,相对静载,强度降低约 8.6%。

第5章 高压深井射孔液压力脉动及管柱振动井下实测研究

为了填补国内高压深井射孔液压力脉动和管柱振动实测的空白,打破欧美国家在此方面的技术壁垒,同时为了验证理论和数值分析方法的精度和可行性,需要研发射孔液压力脉动及管柱振动井下测试仪器,并进行数千米的井下实测。本章将解决井下高温高压下高频采样和大量程加速度测量技术难题,研制"射孔液压力脉动及管柱振动井下测试器"。将该测试器随射孔-测试联作管柱下入数千米的井下,连续测取射孔过程中射孔液脉动压力和管柱振动加速度。对比井下测试和数值分析结果,检验理论和数值分析方法的精度和可行性。

5.1 射孔液压力脉动及管柱振动井下测试器研制

5.1.1 射孔液压力脉动及管柱振动井下测试器研制参数确定

射孔过程中管柱主要以三轴动态形式振动,因此,振动井下测试器主要功能为测量三轴方向的振动量。选用振动加速度传感器频响为微秒级,三轴最大量程为±200 g,耐1 650 ℃热冲击,在150 ℃以下环境工作的军品级器件。环空压力传感器选用频响为微秒级,可耐552 MPa高压,1 650 ℃热冲击,在150 ℃以下环境工作的军品级器件。管柱内部压力传感器用来测试管柱内液柱静压。在正常生产条件下,管内液柱压力加上注液泵压不会超过200 MPa,但若射孔枪体破裂,管柱内压则可能会瞬时超过200 MPa。管柱内部压力传感器选用频响为毫秒级、耐200 MPa高压、在150 ℃以下环境工作的军品级器件。根据我国深井井下工况,确定射孔液压力脉动及管柱振动井下测试器尺寸及技术指标见表5-1。

表 5-1　射孔液压力脉动及管柱振动井下测试器尺寸及技术指标

参　数		量程或强度要求	精度/(%)	备　注
测试器强度	轴力/kN	1 300	—	非测量,与 Φ88.90 mm×6.45 mm P110 油管柱等强度
	扭矩/(N·m)	20 000	—	非测量,与 Φ88.90 mm×6.45 mm P110 油管柱等强度
	内压/MPa	150	—	非测量,与 Φ88.90 mm×6.45 mm P110 油管柱等强度
	外压/MPa	130	—	非测量,与 Φ88.90 mm×6.45 mm P110 油管柱等强度
量程和精度	温度/℃	−20～150		参考值
	环空压力/MPa	552	1	动态压力
	管内压力/MPa	200	1	
	加速度 X	±200g	1	
	加速度 Y	±200g	1	
	加速度 Z	±200g	1	
测试器尺寸	外径/mm	130		
	内径/mm	50		
	长度/mm	540		
采样要求		环空压力采样速率大于等于 100 000 点/s(存储容量为 2 GB) 管内压力采样速率为 1 000 点/s		
工作时间		不低于 15d		

注:①测试器与 Φ88.90 mm 油管柱连接,可下于 Φ177.80 mm×12.65 mm 套管井内。②测试器的连接扣型为 GAS 扣。③用普通油管柱钳或液压管钳上卸扣。

5.1.2　射孔液压力脉动及管柱振动井下测试器原理与方案设计

图 5-1 为射孔液压力脉动及管柱振动井下测试器结构示意图,图 5-2 为

射孔液压力脉动及管柱振动井下测试器实物图,图5-3为射孔液压力脉动及管柱振动井下测试器测试信号传递与记录框图。

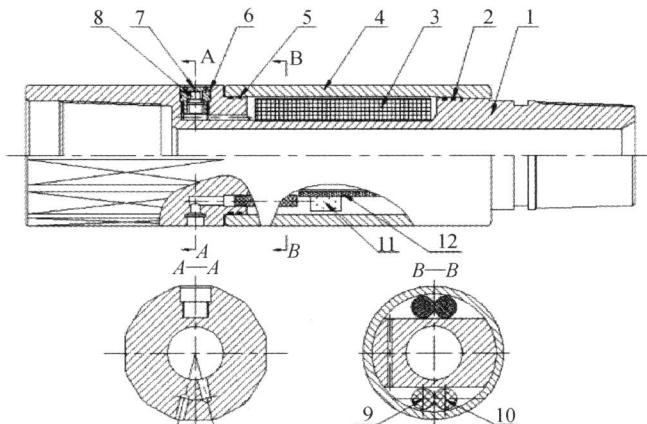

图5-1 射孔液压力脉动及管柱振动井下测试器结构示意图

1—本体;2—O形圈;3—电池;4—外套筒;5—O形圈;6—通信口;7—通信口端盖;8—通信口接插件;
9—外压传感器;10—内压传感器;11—三轴振动传感器;12—电路板

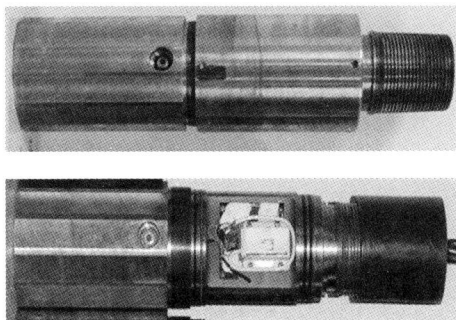

图5-2 射孔液压力脉动及管柱振动井下测试器实物图

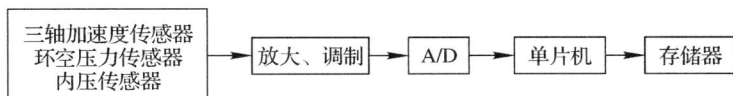

图5-3 射孔液压力脉动及管柱振动井下测试器测试信号传递与记录框图

5.1.3 射孔液压力脉动及管柱振动井下测试器机械设计

依据测试器的设计参数及其总体方案,考虑井下空间的限制、施工要求以及电子元件的尺寸,参照井下仪器和工具及传感器设计规范,开展测试器机械部分的设计。测试器机械部分主要由本体、外套筒两个部件组成,之间通过 O 形密封圈密封,构成环形密封腔,放置电池、电子元件,隔开井下液体。射孔液压力脉动及管柱振动井下测试器结构设计要点如下:

(1)长度、内外径尺寸的确定:考虑测试器在套管(内径约为 150 mm 数量级)内作业,兼顾套筒环形密封腔内放置电子元件的要求,测试器最大外径为 130 mm、最小内径为 50 mm。在确保电子元器件、电池、传感器方便放置及不影响上扣卸扣的前提下,仪器长度尽量取短(540 mm)。

(2)测试器尺寸确定:为便于油管柱和测试器连接入井,测试器连接端为气密封 Cas 油管柱扣(公母扣)。由变扣接头实现与其他扣型管柱的连接。

(3)密封腔尺寸确定:受电池和电子元件尺寸的限制,密封腔的单边厚度大于 20 mm。

(4)密封设计:采用双道氟胶 O 形圈密封,在外压作用下外套筒向内压缩,在内压作用下应变筒向外挤压,构成自紧密封。

(5)材料选择:本体、外套筒两个关键部件选用高强度的沉淀硬化不锈钢 17-4PH(美国牌号)。经过适当的热处理后其屈服强度可以达到 1 000 MPa 以上。

(6)强度校核:应用材料力学、弹性力学相关理论,校核测试器外筒、内筒和中心筒的抗拉、抗内压、抗外压、抗扭及三轴应力强度,均可满足表 5-1 的承载要求。

5.1.4 测试器的特色技术和解决的技术难题

射孔液压力脉动及管柱振动井下测试器是由笔者所在课题组共同研制的,为了填补国内高压深井射孔液压力脉动和管柱振动实测的空白,打破欧美国家在此方面的技术壁垒,课题组采用了自己的特色技术,并解决了相关技术难题。

(1)高温锂电池选用。高温锂电池是测试器的核心元器件之一,主要为测试器井测试系统工作提供能量源。所以高压深井射孔层位的储层深度一般都在 5 000 m 以上,温度在 150 ℃以上,因此需要解决高温下电池安全性和工作稳定性的问题。目前美国军品级的高温锂电池是高温稳定性好的产品,因为技术限制,只能购买到 125 ℃左右的高温锂电池。为了解决 150 ℃高温难题,课题组进行了多组高温下锂电池破坏性筛选试验,最后从 125 ℃的锂电池里选出了可以在 150 ℃高温下工作的锂电池 10 组,作为测试器供电电池。

(2)大量程加速度测量难题。由于射孔爆轰载荷的强冲击特性,测试器井下实测的加速度可达几十甚至上百个重力加速度。同时考虑测量值介于量程的 $1/3 \sim 2/3$ 之间时测量精度最高,传感器量程最好能达到 200 g,目前国内对 200 g 以上大加速量程传感器的测量精度和避免数据漂移技术尚不成熟。课题组与国内某加速度传感器厂家合作,借鉴美国 Endevco 加速度传感器技术,研发定制了量程为 200 g 的加速度传感器,经试验测定满足精度要求。

(3)兼顾测试器可下入和强度影响的结构设计。测试器需要下入 5 000 m 以上的井下,与管柱连接入井后,测试器将同时承受轴向力、内压、外压及扭矩。井下井筒通径一般不超过 150 mm 量级,同时还要保证测试器内筒有 70～100 mm 的内通径,又因为制造允许偏差为 12.5%,所以需要保持足够的间隙才能确保仪器的可下入性。测试器要设置内外筒,还要内置锂电池、电路板、内外压及振动传感器等部件,限制了测试器内外筒的壁厚,很难保证强度。因此,需要具有合理的结构设计。

下面主要通过试算的方式逐步确定内外筒壁厚。先假定一个基本的内外筒壁厚,然后分析不同工况、不同载荷下的强度,如不满足,则逆向重新假定壁厚,直至各工况下测试器内外筒的强度均安全。

作用在管柱上的轴向力将在测试器横截面上产生轴向应力 σ_z,作用在管壁上的内外压力将在仪器上产生径向应力 σ_r 和环向应力 σ_θ,作用在管柱上的扭矩将在仪器上产生剪应力 τ。需要校核测试器外套筒、中心筒、内筒的强度。筒体材料是 0Cr17Ni4Cu4Nb(对应于美国钢号 17-4PH),经热处理,其强度指标为: $\sigma_s = 1\ 020$ MPa,$\sigma_b = 1\ 230$ MPa。

1)试油完井射孔压力及管柱振动井下测试器中心筒强度校核。

测试器中心筒体受到内压 P、扭矩 M_n 和轴力 N 共同作用。其中,$D = 110$ mm,$d = 50$ mm,$M_n = 200\ 00$ N·m,$N = 1\ 300$ kN。

A)试油完井射孔压力及管柱振动井下测试器中心筒抗扭强度校核。

在 20 000 N·m 扭矩作用下,测试器中心筒铣平部分的最大剪应力为 261 MPa。与筒体材料 17-4PH 抗剪强度 700 MPa 相比,安全系数为 2.68。

以外径 110 mm 的铣平部分为危险截面计算,单纯受扭状态下试油完井射孔压力及管柱振动井下测试器中心筒所能承受的最大扭矩为 53 539 N·m。

B)试油完井射孔压力及管柱振动井下测试器中心筒抗拉强度校核。

在轴向拉力 1 300 kN 作用下,测试器中心筒外径铣平部分最大轴向应力为

280 MPa。与筒体材料屈服强度1 000 MPa相比,安全系数为3.7。

C)试油完井射孔压力及管柱振动井下测试器中心筒抗内压强度校核。

在最大内压200 MPa作用下,测试器中心筒外径铣平部分的径向应力和环向应力合成的最大相当应力为510 MPa,与筒体材料的屈服强度1 020 MPa相比,安全系数为2.0。测试器中心筒能承受的最大内压是278 MPa。

D)轴向拉力及内压作用下试油完井测试器中心筒强度校核。

在最大内压150 MPa、轴向拉力1 300 kN作用下,测试器中心筒外径铣平部分的径向应力、环向应力和轴向应力合成的相当应力为557 MPa。与筒体材料屈服强度1 020 MPa相比,安全系数为1.8。

2)试油完井射孔压力及管柱振动井下测试器外套筒强度校核。

测试器外套筒最大外压为130 MPa,内压为0。当轴向力为0时,在最大外压130 MPa作用下,径向应力和环向应力合成的相当应力为604 MPa,与筒体材料屈服强度1 020 MPa相比,其安全系数为1.65。

(4)解决的技术壁垒及与国外技术对比。根据目前的文献记载,斯伦贝谢公司曾于2012年研发过类似的振动测试器,给出了实测结果,但是测试器的结构组成、测量系统、数据采集系统等核心技术未公开发表,国内也无相关仪器研究。因此,本书自主研发的射孔压力及管柱振动井下测试器,填补了国内深井下射孔液压力脉动和管柱振动测试的空白,打破了国外的技术壁垒。我国西部塔里木油田某区块,曾经将本书测试器与斯伦贝谢公司的测试器一同下入同一口井下进行对比实测,斯伦贝谢的测试器取出后回放,未能测得数据,而本书测试器成功测取了数据。

5.1.5　射孔液压力脉动及管柱振动井下测试器力学机理

现场实测时,测试器与射孔枪一同入井,见图5-1。内压传感器通过传感器内筒的小孔与筒内液体建立连接通道,可以测得内压压力脉动。外压传感器通过外筒上的小孔与环空液体建立连接通道,可以测得环空压力脉动。附着在内筒上的三轴振动传感器随测试器上下左右振动,可测得管柱的振动加速度。内筒与外筒之间用O形圈密封,以保证测试系统部分与所有液体的隔离。射孔时,测试器的三轴加速度传感器、环空压力传感器及内压传感器分别测得管柱三轴振动、环空压力及管柱内压,并将实测量转换为电压信号输出。输出信号放大后经模/数(A/D)转换为数字信号,由电路板的处理器采集、记录。测试器随管柱出井,经过专用软件回放数据,并用计算机处理,即可得到振动、环空压力和管柱内压力值。

5.2　测试器信号处理与回放系统设计

(1)信号处理和存储元件设计。信号处理和存储系统由单片机控制主芯片,并由数据控制和采集软件组成,如图 5 - 4 所示。环空压力、管柱三轴振动和内压传感器信号经 A/D 转换放大后存于存储元件。测试结束后,测试器随管柱共同出井,用串行口或最高有效位(MSB)口连接地面回放系统,回放数据得到测试数据。

(2)存储系统和信号处理的硬件配置。测试器在井下工作时间长,需要采用小功耗设计,选用 6 MHz 主频;采用低功耗互补金属氧化物半导体(CMOS)芯片;存储电可擦除可编程只读存储器(EEPROM)芯片的最大存储量为 2 GB。

(3)信号处理和存储系统的功耗设计。测试器使用高温高能电池额定电压为 7~7.5 V,容量为 3.3 A·h。测试器额定电压为 21.6 V;当测试器处于数据采集阶段时,系统电流为 20 mA;当测试器处于待机阶段时,系统电流为 6 mA。根据电池的容量和电流,可估算测试器井下工作时间,电池寿命为 10~15 天。

(4)信号处理和存储系统的元器件筛选。将可在 150 ℃ 高温下工作的元件进行温度老化实验,筛出可持续在 150 ℃ 高温下稳定工作的元件。

(5)信号处理和存储系统数据采集及参数设置。将测试器与数据回放、内置工作制度设置、数据处理的电脑通过 MSB 口或串行口用通信电缆连接,设置测试器井下工作制度(设置加速度采样门槛值)。加速度采样门槛值设置范围为 0.1 g~100 g,采样速率固定为 0.1 MHz,仪器系统启动后按预置的工作制度要求在井下采集数据。

采样门槛值的功能为:若 0.5 s 内油套环空压力变化量超过采样门槛值,则仪器进入正常工作状态,开始采集动态压力、管柱三向加速度及瞬时静态压力。

(6)测试数据回放系统设计。如图 5 - 4 所示,本系统配置一套专用的数据通信、处理软件,通过专用电缆将工作参数门槛值输入测试器;测试完毕,测试器出井后,将测试器与计算机通过专用通信电缆相连,运行计算机内数据处理与回放软件即可完成存储数据的回放、处理、转存、图表显示、打印等后续操作。采用 Visual Basic 语言编写通信、处理软件,要求中文 Windows 2000 及以上版本的运行环境。

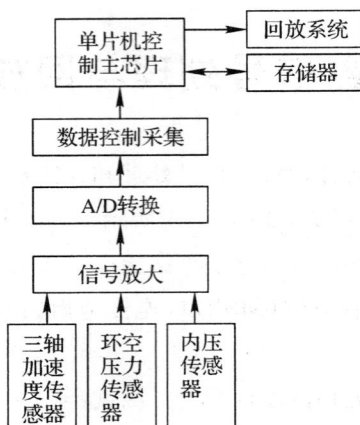

图 5-4 信号采集、存储、回放处理系统

5.3 射孔液压力脉动与管柱振动高压深井井下实测

将研制的"射孔液压力脉动及管柱振动井下测试器"下入井内,先后在 DN2-25 井、DN205H 井、TB4 井、DN2-16 井中共下入 10 只测试器,测得射孔脉动压力与管柱振动。本节以 DN2-25 井射孔脉动压力与管柱振动井下实测为例,说明井下实测的测试过程。

5.3.1 实测井况和条件分析

根据《DN2-25 井试油记录》,试油施工简况见表 5-2,该井井身结构及测试管柱结构分别如图 5-5、图 5-6 所示。根据设计要求,上部管柱振动测试器与管柱一起下入 1 012 m,下振动测试器下入 4 500 m,射孔测试器下入 4 914 m。井下管柱振动测试器可以测试记录管柱径向和轴向方向的振动数据,所测的方向如图 5-7 所示。管柱振动测试器加速度门槛值见表 5-3。

表 5-2 DN2-25 井射孔-测试联作施工简况

天　数	时　间	工作简况
第 1 天	8:00—8:00	下射孔—测试联作管柱(下入 2 700 m)

续表

天　数	时　间	工作简况
第2天	8:00—13:00	下射孔—测试联作管柱完毕
第2天	19:00	坐封封隔器(正转管柱10圈,下方加压210 kN坐封成功,压缩距离2.47 m)
第3天	19:24	射孔枪起爆,井口有明显振动,油压7.5~0.3~31.3 MPa,套压14.4 MPa
第4天	14:00—16:00	3 mm油嘴放喷排液,油压30.085~43.562 MPa,套压14.242~20.243 MPa,温度18.5~28.5 ℃
第5天	8:00—10:00	5 mm油嘴放喷排液,油压60.988~61.181 MPa,套压19.890~20.369 MPa,温度35.4~37.1 ℃
第5天	10:00—8:00	6 mm油嘴放喷排液,油压61.181~53.396 MPa,套压20.369~25.390 MPa,温度37.1~45.7 ℃
第6天	8:00—11:00	6 mm油嘴放喷排液,油压53.396~53.393 MPa,套压25.390~25.744 MPa,温度45.7~46.4 ℃
第6天	11:00—14:00	7 mm油嘴放喷排液,油压53.393~45.422 MPa,套压25.744~27.592 MPa,温度46.4~50 ℃
第11天	2:00	射孔-测试联作管柱完全起出

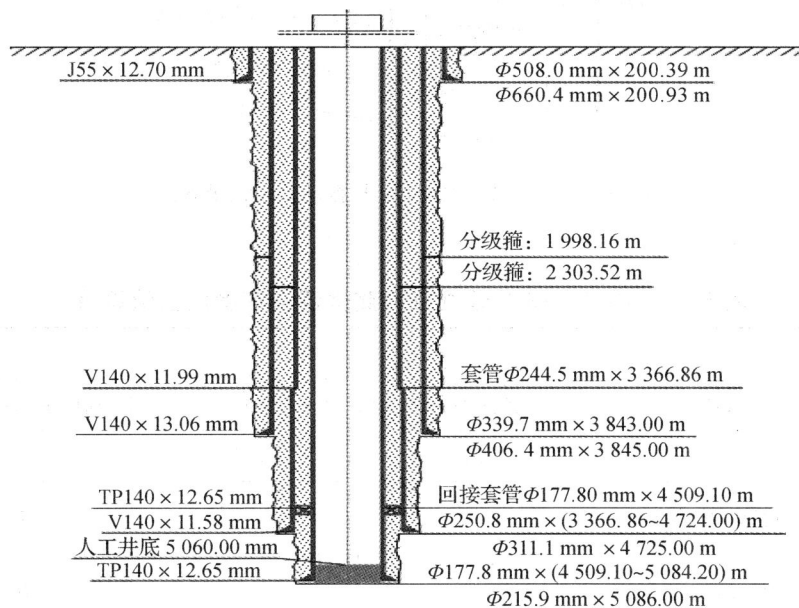

图5-5　DN2-25井井身结构

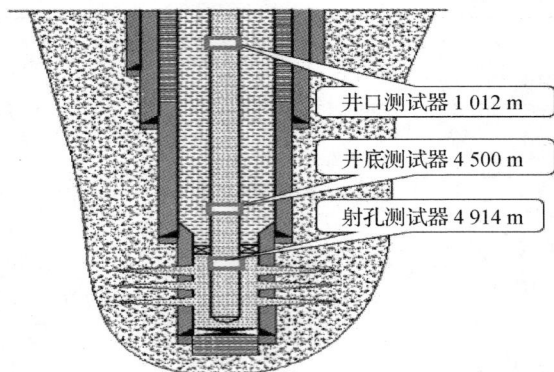

图 5-6 井下管柱振动测试器安放位置

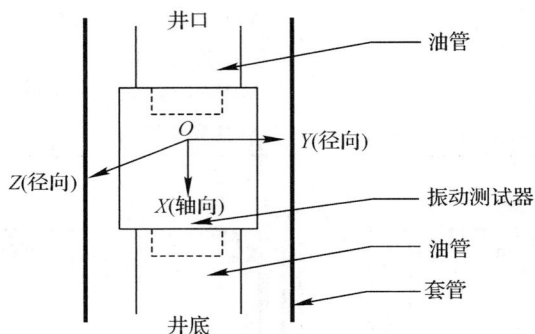

图 5-7 DN2-25 井井下管柱振动数据记录方向

表 5-3 DN2-25 井管柱振动测试器加速度门槛值设置

测试器	加速度门槛值		
	径向加速度/g(g 为重力加速度)		轴向加速度/g
	X 向	Y 向	Z 向
井口振动测试器	1.25	0.5	0.7
井底振动测试器	1.25	0.7	0.5

5.3.2　DN2-25 井射孔过程中井口管柱振动实测与分析

图 5-8 所示为射孔瞬间井口振动测试器测试的加速度:径向 1.33g,轴向 2.46g。射孔时,上振动测试器在封隔器的上边,振动不明显,几乎达不到设置的门槛值。下振动测试器离射孔枪近,又没有封隔器的隔离,因此振动得比上振动仪器要明显。比较下振动测试器的轴向和径向振动可以发现,两个方向的振动差不多,三个方向的加速度都在 2.5g 以内,见表 5-4。

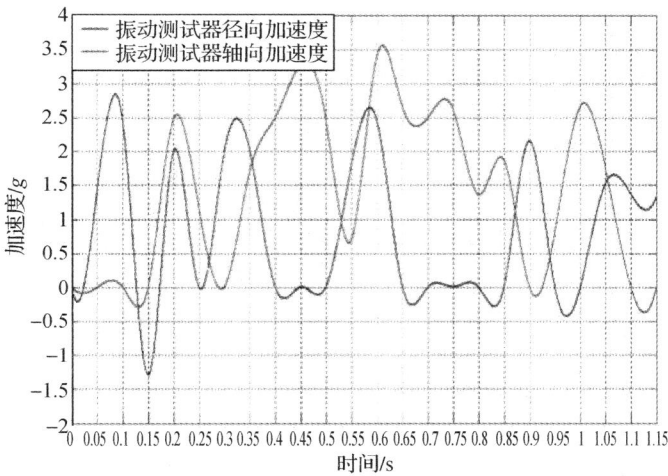

图 5-8　DN2-25 井射孔瞬间下振动测试器加速度变化

表 5-4　DN2-25 井射孔瞬间下振动测试器所测加速度变化极值

射孔管柱振动加速度	X 向	Y 向	Z 向
最大值/g	2.46	2.47	2.46
最小值/g	-1.33	-2.50	-2.50

5.3.3　DN2-25 井井底射孔脉动压力及管柱振动实测

图 5-9 和表 5-5 为井下 4 914 m 深处环空内射孔液压力变化情况,环空压力最大值为 174.8 MPa,波峰与波谷历时间距 0.56 s。图 5-10 和表 5-6 是井下 4 914 m 深处管柱 X 向加速度实测数据,X 向加速度最大值为 18.2g(g 为重力加速度),反向加速度最大值为 18.4g。图 5-11 和表 5-7 为井下 4 914 m 深

处管柱 Y 向加速度实测数据，Y 向加速度最大值为 $22.7g$，反向加速度最大值为 $17.8g$。图 5 - 12 和表 5 - 8 为井下 4 914 m 深处管柱 Z 向加速度实测数据，Z 向加速度最大值为 $21.3g$，反向加速度最大值为 $26.5g$。表 5 - 9 为井下 4 914 m 深处管柱径向加速度实测合成数据，径向加速度最大值为 $31.1g$，反向加速度最大值为 $31.9g$。

井下实测数据表明，由于射孔爆轰影响，射孔液峰值压力可以达到静液柱压力的 3 倍左右；由于射孔液对射孔枪的回填，会形成局部负压；射孔段管柱的轴向和横向振动加速度可以达到数十个 g。

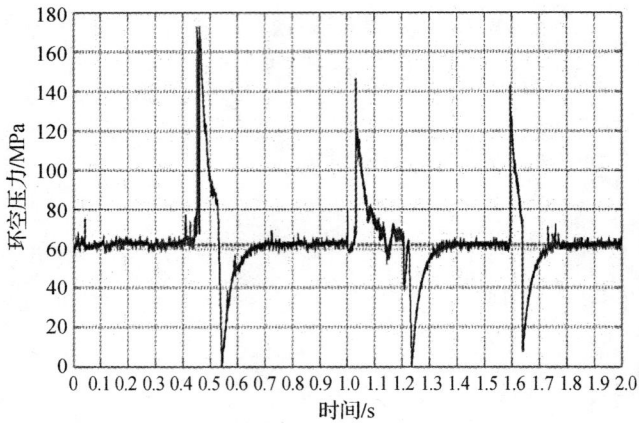

图 5 - 9　DN2 - 25 井环空压力变化

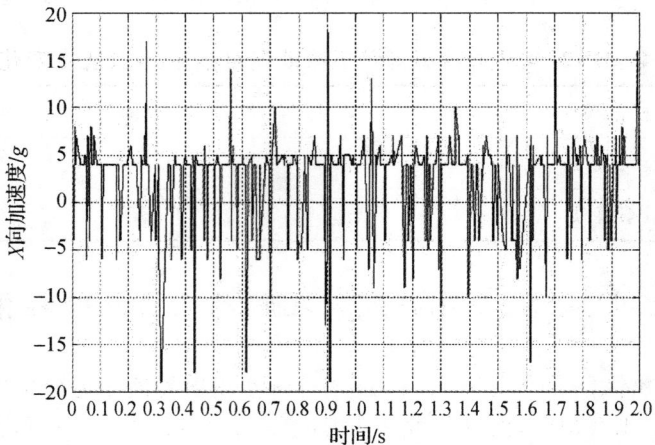

图 5 - 10　DN2 - 25 井管柱 X 向加速度变化

表 5 - 5　DN2 - 25 井射孔压力及管柱振动测试器环空压力变化

射孔管柱振动加速度	环空压力/MPa		波峰与波谷间距/s
	最大值	最小值	
	174.8	0	0.56

表 5 - 6　DN2 - 25 井管柱 X 向加速度变化

射孔压力及管柱振动测试器	加速度/g	
	最大值	最小值
X 向	18.2	−18.4

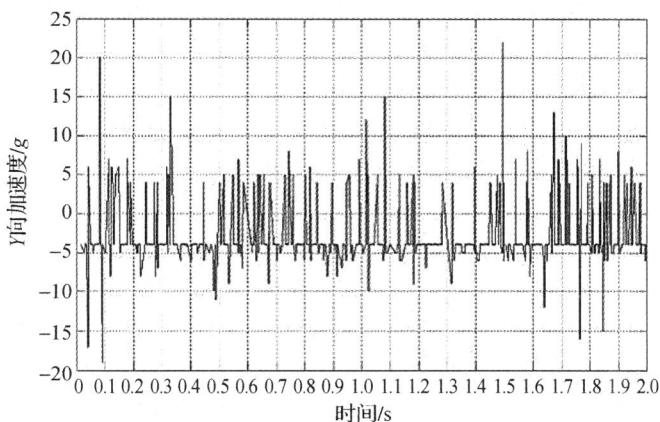

图 5 - 11　DN2 - 25 井管柱 Y 向加速度变化

表 5 - 7　DN2 - 25 井管柱 Y 向加速度变化

射孔压力及管柱振动测试器	加速度/g	
	最大值	最小值
Y 向	22.7	−17.8

表 5 - 8　DN2 - 25 井管柱 Z 向加速度变化

射孔压力及管柱振动测试器	加速度/g	
	最大值	最小值
Z 向	21.3	−26.5

表 5 - 9　DN2 - 25 井管柱径向（Y 和 Z 向合成）加速度变化

射孔压力及管柱振动测试器	加速度/g	
	最大值	最小值
径向	31.1	−31.9

5.4　射孔管柱振动关键参数实测及与数值仿真数据对比分析

将 5.3 节实测的环空液压力脉动数据、管柱振动加速度数据与第 4 章第 4.4 节应用 Euler - Multimaterial 法仿真分析得到的相对应参数进行对比，验证 Euler - Multimaterial 法仿真分析的精度与可行性。

5.4.1　射孔环空压力对比分析

由图 5 - 9 可知，环空压力实测最大值为 174.8 MPa，随后逐渐减小。实测射孔压力与管柱振动测试器的位置对应数值模拟的第 20 号点，详见第 2 章 2.5.6 节的图 2 - 37。原井实际封隔器以下管柱长为 138 m，是有限元模型长度的 12.5 倍左右，管柱越长，压力扩散空间越大，对降低压力越有利；射孔段实际长 11.5 m，是有限元模型长度的 11.5 倍左右，射孔段越长，射孔弹数量越多，对增大爆轰压力越有利。据此将 208 MPa 的射孔液峰值压力按照尺寸比例折算为 191.4 MPa 左右，较实测的峰值压力 174.8 MPa 增加了 9.5% 左右。

5.4.2　射孔管柱加速度对比分析

图 5 - 10 是实测管柱沿 X 方向（轴向）的加速度波动情况，射孔后轴向加速度急剧增大，向上、向下加速度峰值分别达到 178.4 m/s^2 和 169.5 m/s^2。对比第 4 章第 4.4 节数据，由数值分析得到的向上、向下加速度峰值分别为 564 m/s^2、463 m/s^2。实际射孔段以上到封隔器的管柱长度为 138m，是模型中对应长度的 34.3 倍，实际射孔段长度是有限元模型响应长度的 11.5 倍左右，按照尺寸比例折算后，数值分析的加速度峰值分别为 189.1 m/s^2、155.2 m/s^2，二者相差 6.0% 和 8.4%，说明应用 Euler 和 Euler - Multimaterial 耦合算法分析射孔爆轰的精度满足要求。

5.5　本章小结

　　本章研制了射孔液压力脉动及管柱振动井下测试器,并下入 4 914 m 深的井下进行了实测,实测成功并取得了有效数据;本章进行了压力脉动与射孔管柱振动仿真结果和实测对比分析,得到如下结论。

　　(1)射孔压力脉动及管柱振动井下测试器的研发与测试,弥补了国内高压深井相关实测的空白,打破了美国斯伦贝谢公司在此领域的技术壁垒,为射孔液压力脉动和管柱振动研究,以及为验证理论和数值分析方法的精度和可行性,提供了基础数据。

　　(2)井下实测数据表明:由于射孔爆轰影响,射孔液峰值压力可以达到静液柱压力的 3 倍左右;射孔液对射孔枪的回填,会形成局部负压;射孔段管柱的轴向和横向振动加速度可以达到数十个 g。

　　(3)射孔液峰值压力的实测与数值分析结果分别相差 9.5% 左右。向上、向下加速度峰值的实测与数值分析结果相差 6.0% 和 8.4% 左右。应用 Euler 和 Euler‑M 算法分析射孔爆轰及动态响应,结果满足精度要求,方法可行。有限元方法分析结果能够指导现场射孔,也可为深井深层、高初压、狭长约束接触水下爆炸分析提供思路。

第6章 非常规射孔参数下套管剩余强度分析

当前,能源消耗不断增加,对石油与天然气需求与日俱增,因此大力提升油气勘探开发技术尤为重要。为满足不同油气田类型实际开发,国内外油田专家对油气田开发技术进行了更高要求的探索与实践。射孔工艺作为油气田开发的关键环节之一,其技术已经引起越来越多的关注。

射孔的主要目的是打开油气储层,依靠射孔弹穿透目的层的水泥环和套管,在地层与井筒之间形成有效连通,有利于油气储层流体进入井筒。射孔的质量会直接影响油气开采效率,因此射孔工艺在油气开发过程中至关重要。同时,射孔工艺的配套性也被运用于提升非常规油气开发采收率、保护储集层和特殊的地质环境、恢复特殊油田生产能力、最大程度挖掘蕴藏的油气、延续开发过程中油田开采寿命等方面。

套管在整个油田井中起着非常重要的作用,根据设计要求下入一注或几注钢管,可防止油井壁发生坍塌、隔开各层的流体,并形成采油通道。然而,套管损坏也在石油开发过程中变成了不可忽略的问题,引起越来越多油田专家的关注。套管主要受外挤压力、内压力、拉力载荷、击震载荷等多方面影响,从而发生变形、弯曲、破裂等损坏,其中套管变形占据套管损坏很大比例[1]。通过大量实践发现,对射孔作业后套管强度降低重视程度不够,导致每年都有大量套管被损坏,其中发生在射孔井段的占比高达一半以上,因此有必要深入探究射孔段套管的剩余强度以及所受应力的分布情况[2-3]。在射孔作业发生以后,大多数套管会发生开裂问题,这是因为外力对套管作用后,孔眼周围发生应力集中现象,这种现象会引起套管本身强度降低,射孔套管相比普通套管更容易发生变形。孔眼处所受到的应力改变了套管本身的结构,因此,可以利用改变孔眼分布方式和改变射孔孔径来提高套管剩余强度。

由于油气开采难度的增加和勘探开发技术的进步[4],传统的射孔方式已经不能满足当下油气田开采的需求。为了大面积提高油层出油率,射孔形式变得更具针对性,出现了定面射孔、定方位射孔、倾斜角度射孔(孔眼轴线与套管壁斜交)等特殊的射孔方式,这些射孔方式已经在油田完井作业中被普遍使用,其射孔后套管剩余强度变化区别于传统射孔后套管剩余强度变化。不同的布孔方式会导致管体局部应力集中现象严重,降低套管使用寿命,是当前非常规射孔套管剩余强度分析的留白,因此,有必要开展针对性研究。本章主要进行三种非常规射孔套管剩余强度分析,包括对三种非常规射孔套管进行理论分析,建立三种非常规射孔套管剩余强度方程;利用有限元法分析套管剩余强度,分别得到不同射孔参数下,套管剩余强度的解析解与数值解。建立非常规射孔套管剩余强度分析方法,对减少非常规射孔套管损坏起着重要作用,能为非常规射孔施工提供有效的支持与帮助,使得油气可以高效产出。

为实现油气产量的最大化,非传统方式射孔被广泛应用于油气田开发作业中。在射孔过程中,不同射孔方式、射孔参数选择都会对套管产生影响,导致套管很容易被损坏。因此,本章以三种非常规射孔套管为研究对象,采用理论与数值相结合的方法对非常规射孔套管剩余强度进行分析,主要研究内容如下。

(1)倾斜射孔套管剩余强度分析。以若干组倾斜角、相位角、孔径等射孔参数组合的射孔套管模型为研究对象,基于弹性力学孔板理论和复变函数理论,考虑倾斜射孔套管所受复杂载荷,建立倾斜射孔套管剩余强度方程,利用 Python 软件求得倾斜射孔套管剩余强度的解析解;同时选取理论分析中的套管作为算例,再利用 ANSYS 有限元屈曲分析方法,建立倾斜射孔套管有限元模型,进行数值分析,得到数值解;分析和比较数值解与解析解,验证并完善理论分析。

(2)定面射孔套管剩余强度分析。以若干组相位角、孔径、孔密等射孔参数组合的射孔套管模型为研究对象,基于弹性力学孔板理论,考虑定面射孔特殊的布孔方式以及定面射孔套管所受复杂载荷,建立定面射孔套管剩余强度方程,利用 Python 软件求得定面射孔套管剩余强度的解析解;同时选取理论分析中的套管作为算例,再利用 ANSYS 有限元分析方法,建立定面射孔套管有限元模型,进行数值分析,得到数值解;分析和比较数值解与解析解,验证并完善理论分析。

(3)定方位射孔套管剩余强度分析。以若干组孔径、孔密等射孔参数组合的射孔套管模型为研究对象,基于弹性力学孔板理论,考虑定方位射孔的特殊性以及定方位射孔套管所受复杂载荷,建立定方位射孔套管剩余强度方程,利用 Python 软件求得定方位射孔套管剩余强度的解析解;同时选取理论分析中的套管作为算例,再利用 ANSYS 有限元分析方法,建立定方位射孔套管有限元模型,进行数值分析,得到数值解;分析和比较数值解与解析解,验证并完善理论分析。

本书技术路线如图 6-1 所示。

```
                      ┌─────────────────────────┐
                      │ 调研非常规射孔套管剩余强度研究现状 │
                      └─────────────────────────┘
          ┌────────────────────┼────────────────────┐
  ┌───────────────┐    ┌───────────────┐    ┌───────────────┐
  │ 定方位射孔套管剩余强度 │    │ 定面射孔套管剩余强度 │    │ 倾斜射孔套管剩余强度 │
  └───────────────┘    └───────────────┘    └───────────────┘
    ┌──────┴──────┐      ┌──────┴──────┐      ┌──────┴──────┐
 ┌──────┐ ┌──────┐   ┌──────┐ ┌──────┐   ┌──────┐ ┌──────┐
 │理论分析│ │有限元分析│   │理论分析│ │有限元分析│   │理论分析│ │有限元分析│
 └──────┘ └──────┘   └──────┘ └──────┘   └──────┘ └──────┘
 ┌──────┐ ┌──────┐   ┌──────┐ ┌──────┐   ┌──────┐ ┌──────┐
 │力学模型│ │几何模型│   │力学模型│ │几何模型│   │力学模型│ │几何模型│
 └──────┘ └──────┘   └──────┘ └──────┘   └──────┘ └──────┘
 ┌──────┐ ┌──────┐   ┌──────┐ ┌──────┐   ┌──────┐ ┌──────┐
 │剩余强度│ │有限元结果│  │剩余强度│ │有限元结果│  │剩余强度│ │有限元结果│
 │方程求解│ │ 分析 │   │方程求解│ │ 分析 │   │方程求解│ │ 分析 │
 └──────┘ └──────┘   └──────┘ └──────┘   └──────┘ └──────┘
                      ┌─────────────────────────┐
                      │  解析解、数值解结果对比分析  │
                      └─────────────────────────┘
                      ┌─────────────────────────┐
                      │  非常规射孔套管剩余强度分析  │
                      └─────────────────────────┘
```

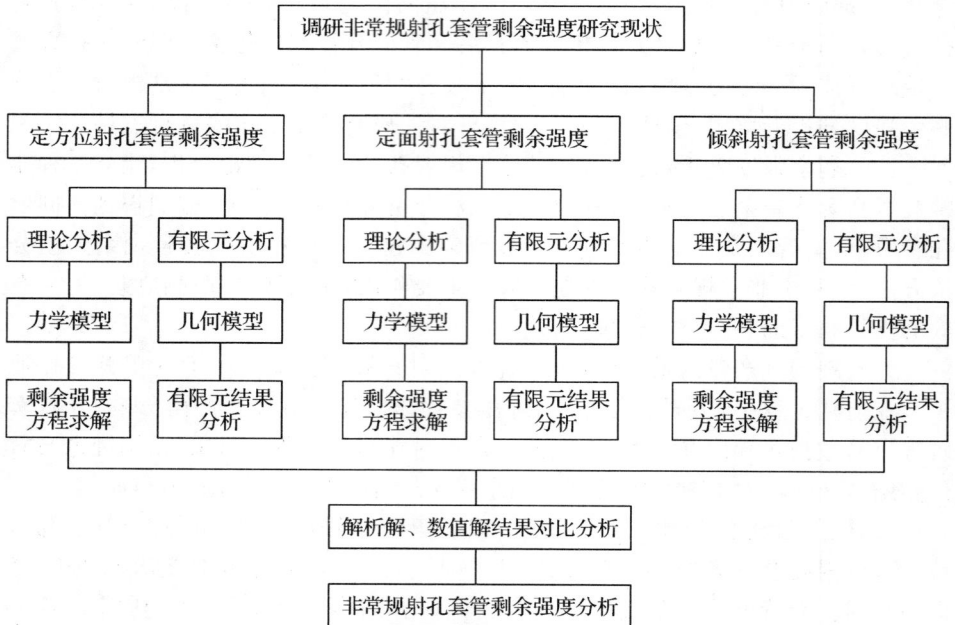

图 6-1　本书技术路线

6.1　倾斜角度射孔套管剩余强度分析

　　射孔完井作为油气开发最普遍的完井方法,其根据地质特征,选择合理的射孔井段组合和合理的射孔参数进行作业[46]。但是,由于油气勘探开发地理位置的特殊性,在井下作业时的地质环境也相对复杂,褶皱等地质构造使岩层发生弯曲,导致地表弯曲不平。传统的射孔方式已经不能满足实际作业中复杂的地形条件,因此需要利用射孔角度与套管轴线呈一定角度的倾斜角度射孔方式,使得射孔方向与地层或流层方向平行,以提高油气流通效率,满足更多特殊地形油田的需要[47]。

　　虽然倾斜角度射孔可以提高褶皱地层中油田的生产效率,但相比大多数油田所采用的射孔方向垂直于套管轴心的普通射孔方式,倾斜角度射孔套管结构的不对称性导致应力集中现象更加严重,套管剩余强度相比常规射孔方式进一步降低。为避免射孔套管因剩余强度过低导致套管损坏,对倾斜射孔套管剩余强度进行分析显得十分重要。

本章将对倾斜角度射孔套管剩余强度进行分析。由于套管内外液体流通,所以套管内外压力差也不会发生太明显的变化,抗内压强度对套管作用很小,可以忽略不计[48]。因此,假设套管所受外挤力都是均匀的,将理论分析与有限元方法结合起来,计算在不同射孔参数下倾斜射孔套管剩余强度,构建倾斜射孔套管剩余强度分析方法,为倾斜角度射孔在特殊油气田中的应用提供数据分析与理论依据。

6.1.1　倾斜角度射孔套管剩余强度理论分析

在实际射孔作业后,射孔孔眼处发生应力集中现象导致套管剩余强度降低,因此有必要对倾斜射孔套管进行理论分析。下面将基于当前射孔套管力学模型发展现状,对倾斜射孔套管受力进行分析。建立对应倾斜射孔套管物理模型,如图 6-2 所示,该图代表了倾斜射孔套管与岩层的相对几何位置。当待开采油气的地层与水平线呈一定角度时,为获得最大油气开采量,需要将倾斜射孔套管沿铅垂线方向下入岩层,使两者存在一定角度。

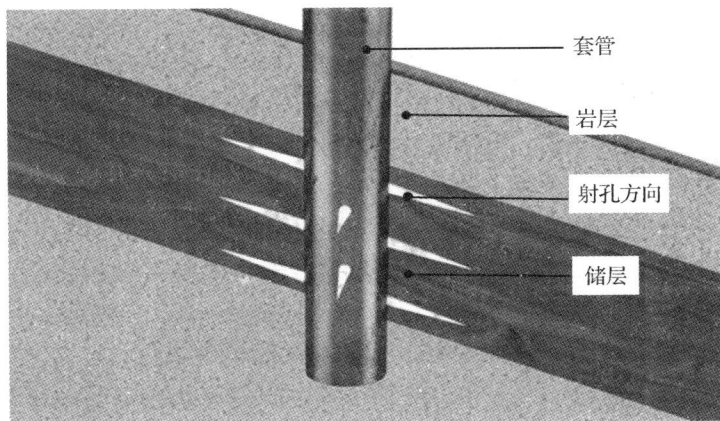

图 6-2　倾斜射孔套管模型

(1)倾斜角度射孔套管力学模型的建立。下面基于垂直射孔套管理论模型及研究进展,通过构建力学模型的手段探究倾斜射孔套管的剩余强度。由于倾斜射孔套管相比垂直射孔套管多了倾斜角这一射孔参数,所以在套管表面留下的孔迹有椭圆正圆之分,因此将倾斜角视作射孔关键参数。假定射孔套管外径与内径分别为 D 与 d,且内壁表面、外壁表面分别承受 P_i、P_o 的压力;轴向承受 F_s 的作用力,如图 6-3(a)所示;套管每单元应力分布如图 6-3(b)所示;径向应力、环向应力、轴向应力分别为 σ_r、σ_θ、σ_s。

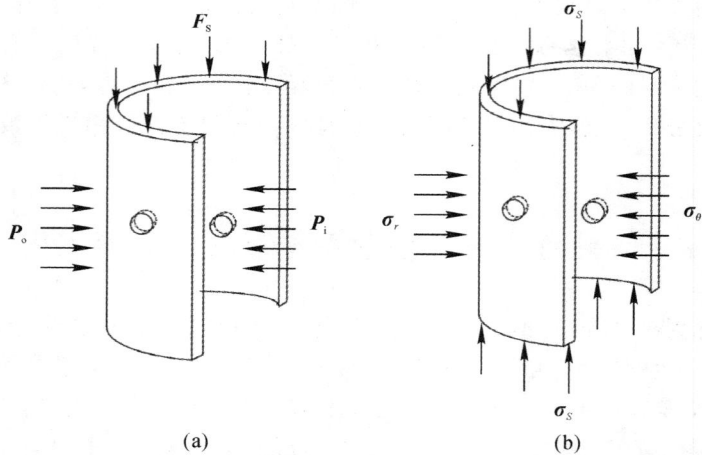

图 6-3　倾斜射孔套管受力状态以及应力状态

(a)倾斜射孔套管受力状态；(b)倾斜射孔套管应力状态

　　倾斜射孔套管结构如图 6-4 所示。其在套管上留下椭圆形状的孔眼,如图 6-4 右上图框所示,油气流量模型如图 6-4 右下图框所示,其中圆柱体代表一定时间内储层中油气资源倾斜进入射孔套管的总量。图 6-4 右下图箭头表示油气流通方向,图 6-4 右下图椭圆为油气流量单位面,图 6-4 右上图椭圆为满足该流量时套管上所需的最小射孔孔眼轮廓。

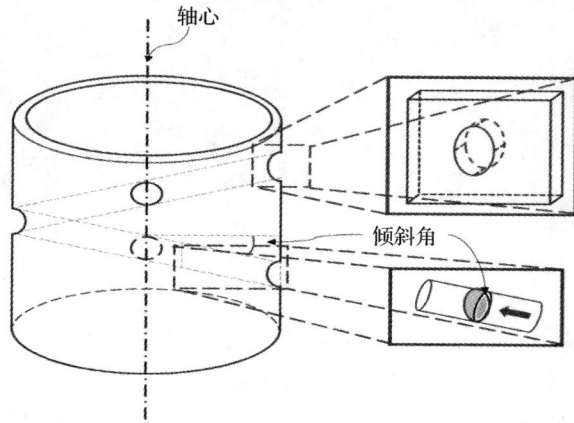

图 6-4　倾斜射孔套管示意图

　　椭圆孔的孔板模型如图 6-5 所示,与圆形孔眼相比,椭圆孔眼具有各向异性。设主应力方向与椭圆长轴方向夹角为 α,沿轴线方向展开套管,分析其中单个受到应力的孔眼,将其作为孔板力学模型[49]。

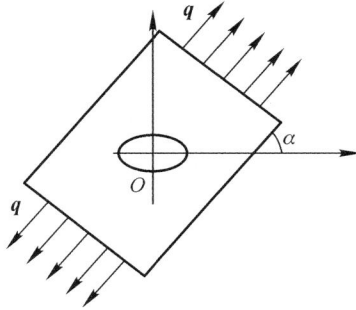

图 6-5　椭圆孔的孔板模型

采用倾斜角度射孔会导致在孔板上呈现一个椭圆孔而并非圆孔,该椭圆孔的长、短轴与倾斜角有关,其中孔眼轮廓随倾斜角的变化关系如图 6-6 所示。随着倾斜角的增大,椭圆孔口长半轴也逐渐增大,两者呈正相关关系。

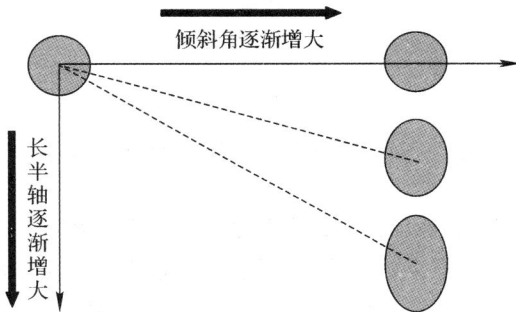

图 6-6　倾斜射孔套管椭圆孔轮廓与倾斜角关系示意图

倾斜射孔套管中椭圆孔口与倾斜角的关系如图 6-7 所示,该三维图更加直观地展示了椭圆孔口与倾斜角的几何关系。由该图可以得知倾斜角与椭圆长半轴的关系为

$$\left.\begin{array}{l} a = r \\ b = r/\cos\beta \end{array}\right\} \tag{6-1}$$

式中:r 为射孔半径,mm;a 是椭圆孔口的长半轴,mm;b 是椭圆孔口的短半轴,mm;β 是倾斜角,(°)。

根据椭圆的极坐标公式,得到其轴长 ρ 与角度 θ 的关系式:

$$\rho = \frac{ab}{\sqrt{b^2 \cos^2\theta + a^2 \sin^2\theta}} \qquad (6-2)$$

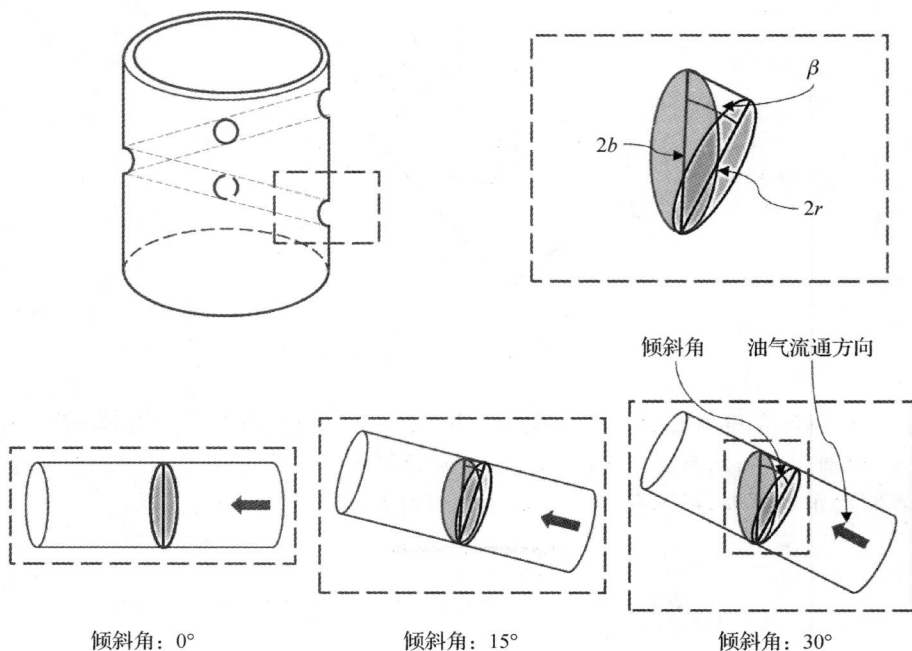

倾斜角：0°　　　　　　倾斜角：15°　　　　　　倾斜角：30°

图 6-7　倾斜射孔套管中椭圆孔口与倾斜角的关系示意图

（2）倾斜角度射孔套管剩余强度方程建立及求解。由于孔口为椭圆形，而弹性力学的复变函数理论可以根据保角变换法实现对异形孔口的受力分析，因此选择这种方法对其求解。在弹性力学的一些模型中，复变函数理论往往可以起到很好的效果，此理论将原问题归结于在已知边界条件下，寻求两个解析函数，该形式往往由边界条件直接计算得到。因此，在弹性力学的孔口、裂纹等问题中，复变函数方法是一种重要且有效的工具。

针对孔口受力问题，可通过孔口边界条件及孔口边缘所满足的经验公式进行求解。一般可以先通过孔口问题的经验公式求解出中间变量 $\varphi_0(z)$、$\psi_0(z)$、$f_0(z)$，再根据解算中间变量得到解析函数 $\Phi_1(x)$、$\Psi_1(x)$，以此表示应力分量的惯用形式，得到解析函数 $\Phi_1(x)$、$\Psi_1(x)$ 与相应应力分量之间的关系，并通过虚实部分离的方法对其进行求解。

保角变换可以起到优化区域边缘的效果，将不规则的自由形状边界转变为圆形边界[50]，前者一般在 z 平面，后者一般在 ζ 平面。如图 6-8 所示，灰色区域的变化展示了保角变换流程。

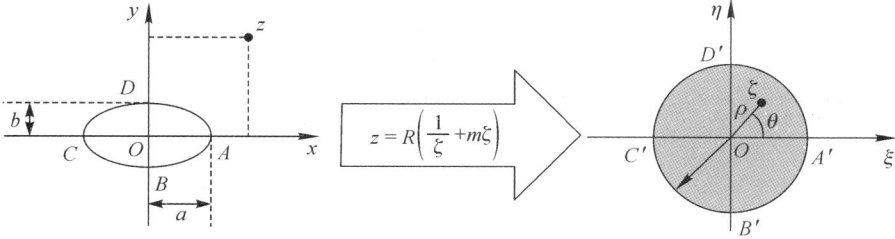

图 6-8　椭圆保角变换示意图

保角变换公式为

$$z = \omega(\zeta) = R\left(\frac{1}{\zeta} + m\zeta\right) \tag{6-3}$$

式中：$R = \dfrac{a+b}{2}$，$m = \dfrac{a-b}{a+b}$，$z = x + \mathrm{i}y$，$\zeta = \rho\mathrm{e}^{\mathrm{i}\theta} = \rho(\cos\theta + \mathrm{i}\sin\theta)$。

将虚实两部分分离,并消去式中的 ρ、θ,可以得到椭圆方程的复变函数表达形式

$$\left.\begin{array}{l} \dfrac{x^2}{R^2\left(\dfrac{1}{\rho} + m\rho\right)^2} + \dfrac{y^2}{R^2\left(\dfrac{1}{\rho} - m\rho\right)^2} = 1 \\[6mm] \dfrac{x^2}{4R^2 m\cos^2\theta} + \dfrac{y^2}{4R^2 m\sin^2\theta} = 1 \end{array}\right\} \tag{6-4}$$

假设的模型中边界条件为

$$\left.\begin{array}{l} \sigma_{1\text{远}} = q,\sigma_{2\text{远}} = 0 \\[2mm] X_{\text{远}} = 0,Y_{\text{远}} = 0 \\[2mm] \overline{X}_{\text{孔}} = 0,\overline{Y}_{\text{孔}} = 0 \end{array}\right\} \tag{6-5}$$

根据弹性力学中复变函数方法[51],已知多连通有限域上的应力分量 $\varphi(z)$、$\psi(z)$ 为

$$\left.\begin{array}{l} \varphi(z) = \dfrac{1 + v'}{8\pi}(X + \mathrm{i}Y)\ln z + (B + \mathrm{i}C)z + \varphi_0(z) \\[4mm] \psi(z) = \dfrac{3 - v'}{8\pi}(X - \mathrm{i}Y)\ln z + (B' + \mathrm{i}C')z + \psi_0(z) \end{array}\right\} \tag{6-6}$$

式中:中间变量 $\varphi_0(z)$、$\psi_0(z)$ 可以根据弹性力学复变函数方法中对孔口问题的经验公式求解,得到

$$
\left.
\begin{aligned}
\varphi_0(\zeta) + \frac{1}{2\pi i}\int_\sigma \frac{\omega(\sigma)}{\omega'(\sigma)}\,\frac{\overline{\varphi'_0(\sigma)}}{\sigma - \zeta}\,d\sigma &= \frac{1}{2\pi i}\int_\sigma \frac{f_0}{\sigma - \zeta}\,d\sigma \\
\psi_0(\zeta) + \frac{1}{2\pi i}\int_\sigma \frac{\overline{\omega(\sigma)}}{\omega'(\sigma)}\,\frac{\varphi'_0(\sigma)}{\sigma - \zeta}\,d\sigma &= \frac{1}{2\pi i}\int_\sigma \frac{\overline{f_0}}{\sigma - \zeta}\,d\sigma
\end{aligned}
\right\}
\tag{6-7}
$$

式中：参数 B、B'、C' 可以通过无限大连通域中的约束条件求得。

$$
\left.
\begin{aligned}
B &= \frac{1}{4}(\sigma_1 + \sigma_2) \\
B' + iC' &= -\frac{1}{2}(\sigma_1 - \sigma_2)e^{-2i\alpha}
\end{aligned}
\right\}
\tag{6-8}
$$

将边界条件式(6-5)代入式(6-8)得到参数 B、B'、C'，并将 B、B'、C' 代入式(6-6)得到中间变量 $\varphi_0(z)$、$\psi_0(z)$、$f_0(z)$，再通过式(6-7)得到在此模型下多连通有限域上的应力分量 $\varphi(\zeta)$、$\psi(\zeta)$：

$$
\left.
\begin{aligned}
\varphi(\zeta) &= \frac{qR}{4}\left[\frac{1}{\zeta} + (2e^{2i\alpha} - m)\zeta\right] \\
\psi(\zeta) &= -\frac{qR}{2}\left[\frac{1}{\zeta}e^{-2i\alpha} + \frac{\zeta^3 e^{2i\alpha} + (me^{2i\alpha} - m^2 - 1)\zeta}{m\zeta^2 - 1}\right]
\end{aligned}
\right\}
\tag{6-9}
$$

利用复变函数表示应力分量的惯用形式，得到孔板模型的径向应力、周向应力及切应力方程：

$$
\sigma_\rho + \sigma_\theta = 4Re[\varphi'(z)]
$$
$$
\sigma_\rho - \sigma_\theta + 2i\tau_{\rho\theta} = 2[\bar{z}\varphi''(z) + \psi'(z)]
\tag{6-10}
$$

将式(6-9)代入式(6-10)后整理可得，

$$
\sigma_\theta + \sigma_\rho = q\mathrm{Re}\,\frac{(2e^{2i\alpha} - m)\zeta^2 - 1}{m\zeta^2 - 1}
\tag{6-11}
$$

$$
\sigma_\theta - \sigma_\rho + 2i\tau_{\rho\theta} = \frac{q(m\rho^4 + \zeta^2)\zeta^2}{\rho^4\left(m - \dfrac{\zeta^2}{\rho^4}\right)(m\zeta^2 - 1)}\left(2e^{2i\alpha} - m + m\,\frac{1 + m\zeta^2 - 2e^{2i\alpha}\zeta^2}{m\zeta^2 - 1}\right) +
$$

$$
\frac{q}{\rho^2\left(m - \dfrac{\zeta^2}{\rho^4}\right)}\left[e^{-2i\alpha} - \frac{3e^{2i\alpha}\zeta^2 + me^{2i\alpha} - m^2 - 1}{m\zeta^2 - 1}\zeta^2 + \frac{e^{2i\alpha}\zeta^2 + me^{2i\alpha} - m^2 - 1}{(m\zeta^2 - 1)^2}2m\zeta^4\right]
\tag{6-12}
$$

式中：ρ 已由式(6-2)算得，可将其代入式(6-12)，并将式(6-11)、式(6-12)等号右边部分用 Func_1 与 Func_2 代替，其变为

$$
\left.
\begin{aligned}
\sigma_\theta + \sigma_\rho &= \mathrm{Func}_1 \\
\sigma_\theta - \sigma_\rho + 2i\tau_{\rho\theta} &= \mathrm{Func}_2
\end{aligned}
\right\}
\tag{6-13}
$$

将式(6-13)虚实分离后，可得到孔板模型的径向应力、周向应力及切应力的显示解，见下式：

$$
\left.\begin{aligned}
\sigma_\theta &= \frac{1}{2}\mathrm{Re}(\mathrm{Func_1} + \mathrm{Func_2}) \\
\sigma_\rho &= \frac{1}{2}\mathrm{ReRe}(\mathrm{Func_1} - \mathrm{Func_2}) \\
\tau_{\rho\theta} &= \mathrm{Im}(\mathrm{Func_2})
\end{aligned}\right\} \tag{6-14}
$$

根据弹性力学中 Von – Mises 屈服准则,屈服应力 σ_s 可以表示为

$$
\sigma_s = \sqrt{\frac{3\,(\sigma_\rho - \sigma_\theta)^2}{4} + 3\tau_{\rho\theta}^2 + \frac{(\sigma_\rho + \sigma_\theta)^2}{4}} \tag{6-15}
$$

将式(6-14)代入式(6-15)即可求得其屈服应力 σ_s。

定义射孔套管剩余抗外挤强度系数为射孔后套管的抗外挤强度与未射孔套管抗外挤强度的比值[20],见下式:

$$
K = \frac{p_{cr}}{p_{ocr}} = \frac{1}{\sqrt{\sigma_S}} \tag{6-16}
$$

式中:p_{cr} 为套管射孔后的抗外挤强度;p_{ocr} 为套管未射孔时的抗外挤强度。

射孔后的套管的孔边应力集中效应,导致射孔边缘应力较管壁更大,且射孔孔眼之间的距离与射孔套管剩余强度存在一定关系。因此,不应单独采用射孔边缘应力分布探究射孔套管的剩余强度,而应综合考虑射孔边缘应力分布及射孔间连线部分的应力分布。采用图 6-9 所示的套管展开示意图,选取相邻的三个射孔,其中心分别为 O_1、O_2、O_3,选取射孔 O_1O_2 与射孔 O_1O_3 的中点 Q、R,当 Q、R 两位置的最大应力值小于套管材料的屈服强度时,代表套管未发生损坏。

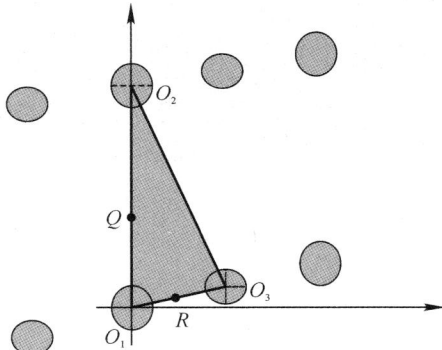

图 6-9　倾斜角度射孔套管展开示意图

设射孔孔眼密度为 n、相位角为 α,依据图 6-10 所示的 Q、R 两点的位置条件可得:

$$
\left.\begin{aligned}
r_Q &= \frac{500}{n}\frac{360}{\alpha} \\
\theta_Q &= 90°
\end{aligned}\right\} \tag{6-17}
$$

$$\left.\begin{aligned} r_R &= \sqrt{\left(\frac{500}{n}\right)^2 + \left(\frac{\pi r \alpha}{360}\right)^2} \\ \theta_R &= \operatorname{artan}\left(\frac{500 \times 360}{n \times r \times \alpha}\right) \end{aligned}\right\} \tag{6-18}$$

式中：r_R、r_Q 分别代表点 R、Q 在极坐标中距离原点（即点 O_1）的距离，mm；θ_R、θ_Q 分别代表点 R、Q 与水平方向所成角度，(°)。

将式(6－17)、式(6－18)依次代入式(6－14)，再将式(6－14)代入式(6－15)得到屈服应力 σ_s，并将其再代入式(6－16)，计算得到套管剩余强度系数为

$$K = \min\{K_Q, K_R\} \tag{6-19}$$

本节采用 Python 软件编程解算倾斜射孔套管剩余强度，通过键入孔径、孔密、相位角等参数，自动输出对应倾斜射孔套管的剩余强度及剩余强度系数。如图 6－10 所示，此套管的剩余强度系数为 0.820，套管剩余强度为 49.964 MPa。

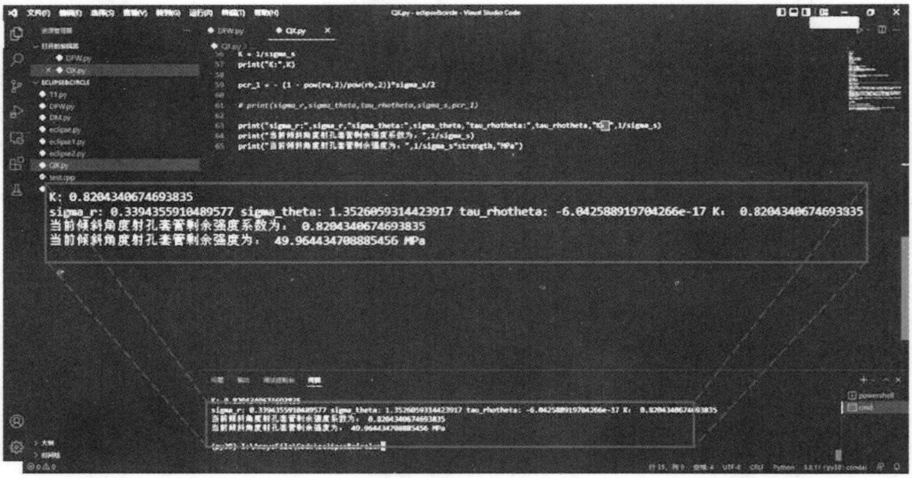

图 6－10　Python 解算图示

(3)倾斜角度射孔套管剩余强度解析解算例分析。本书选取 16 孔/m 孔密、5°～30°倾斜角、10～18 mm 孔径、15°～180°相位角，规格为 Φ139.7 mm×9.17 mm N80 倾斜射孔套管作为分析对象，利用 Python 软件解算 6.1.1 节中所建立的倾斜角度射孔套管剩余强度方程，得到不同射孔参数下，套管剩余强度及剩余强度系数的解析解。通过分析解析计算结果，可以为实际工况中利用倾斜角度射孔套管提供理论依据。部分结果见表 6－1，此表包括在不同参数下倾斜射孔套管剩余强度与剩余强度系数的具体数据。

通过表 6－1 倾斜射孔套管剩余强度解析结果可知，规格为 Φ139.7 mm×

9.17 mm N80 倾斜射孔套管剩余强度计算结果与射孔参数呈现一定相关性,与倾斜角和孔径均呈负相关。当相位角依次增大(即 30°、60°、90°)时,倾斜射孔套管剩余强度计算结果最大值(即在 10°倾斜角、10 mm 孔径)依次是 53.988 MPa、54.116 MPa 和 55.139 MPa;倾斜射孔套管剩余强度计算结果最小值(即在 30°倾斜角、18 mm 孔径)依次是 40.048 MPa、43.537 MPa 和44.950 MPa。在上述倾斜射孔套管剩余强度结果中,相较于未射孔套管,降低幅度在 9.50%~34.20%以内。

表 6-1　倾斜角度射孔套管剩余强度与剩余强度系数解析解

射孔倾斜角/(°)	相位角/(°)	孔径/mm	解析解/MPa	剩余强度系数
10	30	10	53.988	0.887
10	30	14	49.518	0.813
10	30	18	44.871	0.737
10	60	10	54.116	0.889
10	60	14	50.200	0.824
10	60	18	48.653	0.799
10	90	10	55.139	0.905
10	90	14	51.960	0.853
10	90	18	48.976	0.804
20	30	10	51.996	0.854
20	30	14	47.204	0.775
20	30	18	42.338	0.695
20	60	10	52.538	0.863
20	60	14	49.542	0.813
20	60	18	45.803	0.752
20	90	10	54.256	0.891
20	90	14	50.462	0.829
20	90	18	47.216	0.775
30	30	10	50.900	0.836

续表

射孔倾斜角/(°)	相位角/(°)	孔径/mm	解析解/MPa	剩余强度系数
30	30	14	44.987	0.739
30	30	18	40.048	0.658
30	60	10	51.936	0.853
30	60	14	47.819	0.785
30	60	18	43.537	0.715
30	90	10	53.830	0.884
30	90	14	48.750	0.800
30	90	18	44.950	0.738

图 6-11、图 6-12、图 6-13 分别为 Φ139.7 mm×9.17 mm N80 射孔套管剩余强度随倾斜角、相位角、孔径等射孔参数变化的趋势。

由图 6-11 可知,选定 16 孔/米孔密、90°相位角、10 mm 孔径,倾斜角在 5°~30°范围内变化,选用 Φ139.7 mm×9.17 mm N80 倾斜射孔套管,其剩余强度计算结果与倾斜角呈负相关性。倾斜角为 5°时套管剩余强度最大,倾斜角为 30°时套管剩余强度最小。相较于常规射孔套管,剩余强度降低幅值最大为 6.87%,最小为 0.79%;相较于未射孔套管,剩余强度降低幅值最大为 12.63%,最小为 8.51%,剩余强度变化速率逐渐减小。当倾斜角在 0°~15°范围内时,倾斜角每增加 1°剩余强度降低 0.093 MPa;当倾斜角在 15°~30°范围内时,倾斜角每增加 1°剩余强度降低 0.072 MPa。

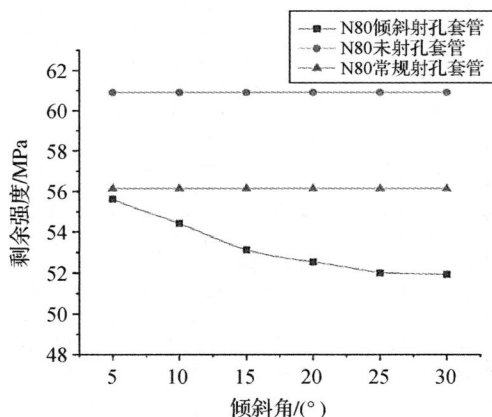

图 6-11 倾斜射孔套管剩余强度随倾斜角变化曲线

由图 6-12 可知,选定 16 孔/m 孔密、30°倾斜角、10 mm 孔径,相位角在 15°~180°范围内变化,选用 Φ139.7 mm×9.17 mm N80 倾斜射孔套管,其剩余强度计算结果与相位角先呈正相关性,随后呈负相关性。相位角为 90°时套管剩余强度最大,相位角为 10°时套管剩余强度最小。相较于常规射孔套管,剩余强度降低幅值最大为 4.87%,最小为 2.94%;相较于未射孔套管,剩余强度降低幅值最大为 18.12%,最小为 12.60%,剩余强度变化速率逐渐减小。当相位角在 15°~90°范围内时,相位角每增加 1°剩余强度增加 0.043 MPa;相位角在 90°~180°范围内,相位角每增加 1°剩余强度降低 0.009 MPa。

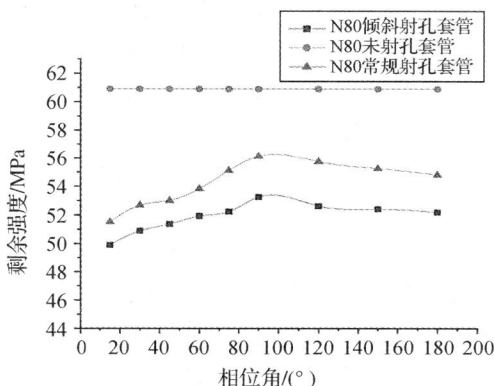

图 6-12　倾斜射孔套管剩余强度随相位角变化曲线

由图 6-13 可知,选定 16 孔/m 孔密、30°倾斜角、90°相位角,孔径在 10~18 mm 范围内变化,选用 Φ139.7 mm×9.17 mm N80 倾斜射孔套管,其剩余强度计算结果与孔径呈负相关性。当孔径为 10 mm 时套管剩余强度最大,当孔径为 18 mm 时套管剩余强度结果最小。相较于常规射孔套管,剩余强度降低幅值最大为 3.25%,最小为 2.02%;相较于未射孔套管,剩余强度降低幅值最大为 30.24%,最小为 13.77%,剩余强度变化速率逐渐减小。当孔径在

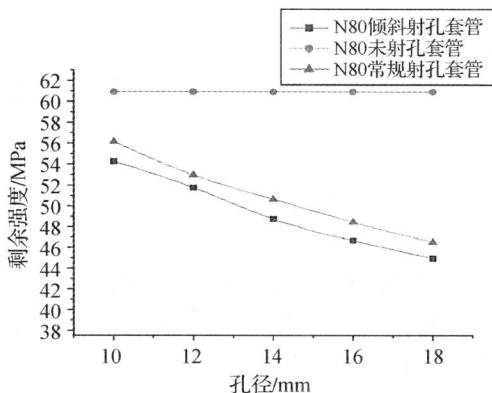

图 6-13　倾斜射孔套管剩余强度
随孔径变化曲线

10~16 mm 范围内时,孔径每增加 1 mm,剩余强度降低 1.581 MPa;当孔径在

16～18 mm 范围内时,孔径每增加 1 mm,剩余强度降低 0.732 MPa。

6.1.2 倾斜角度射孔套管剩余强度有限元分析

本节利用有限元方法分析射孔套管剩余强度,并将其作为数值解与力学方程计算出的解析解进行对比。通过屈曲分析可以确定某结构开始失去稳定状态的临界载荷与屈曲模态。ANSYS 中支持两种屈曲分析方法,分别为线性屈曲分析与非线性屈曲分析[52]。线性屈曲分析即传统弹性力学屈曲分析方法;非线性屈曲分析由于非线性函数本身的特点,其结果比线性屈曲分析更加准确且真实,在实际问题中应用更多。本节采用非线性屈曲分析,其流程如图 6-14 所示。非线性屈曲分析包括以下几个步骤:构建几何模型、前处理、静力学结构分析、特征值屈曲分析与非线性屈曲分析。首先,在前处理中依次进行三维模型构建、仿真单元界定、材料属性设定、模型网格分割,其中材料刚度定义、非线性特性与弹性模量的设定至关重要,关乎屈曲分析的分析结果。其次,在静力学分析模块中得到静力学仿真结果,并在预应力选项开启的状态下,利用特征值屈曲分析模块计算特定模型的应力刚度矩阵,在一单位载荷的作用下,计算该矩阵的特征值并作为整个结构的临界载荷。最后,将结构的一阶模态作为初始缺陷加入结构系统中,并进行非线性屈曲解算分析,利用分步长施加外压的方法,求解倾斜射孔套管剩余强度。

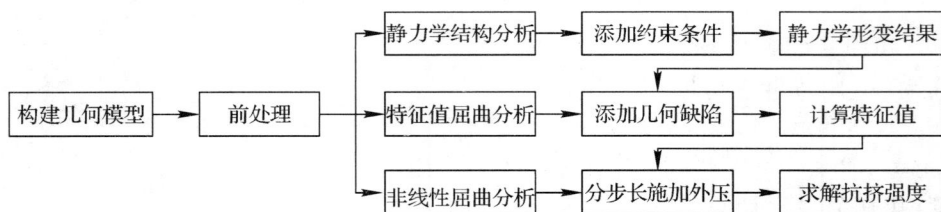

图 6-14 非线性屈曲分析流程

(1)倾斜角度射孔套管几何模型建立及材料属性设置。根据 ANSYS 有限元非线性屈曲分析,分组探究射孔参数与倾斜射孔套管剩余强度的关系,在以下假定基础上建立几何模型:

1)射孔理想且分布合理,不存在偏差,射孔方向与套管中轴线呈一定角度。

2)设定套管为正圆且管壁绝对均匀,不考虑工艺问题导致的裂纹和毛刺。

3)在管壁展开后,倾斜射孔在套管上留有的形状为椭圆形,且椭圆长轴同倾斜角呈正相关。

建立倾斜角度射孔套管几何模型，如图 6-15 所示，其倾斜角射孔细节如图 6-15 下框所示，其射孔轴心线和套管轴面与套管轴心相交且呈一定角度。

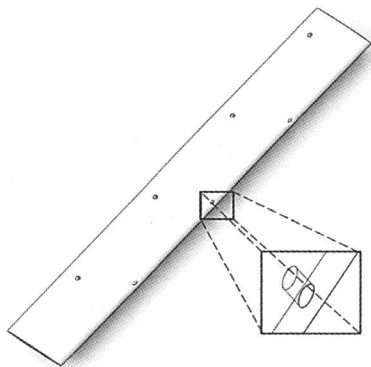

图 6-15　倾斜角度射孔套管几何模型

使用 Solid Works 建模软件构建倾斜射孔套管三维模型，套管管长应该大于套管直径的 8 倍，且小于套管直径的 10 倍[53]，模型长度选择 1 000 mm，套管外径为 139.70 mm，壁厚为 12.70 mm，以减小端部约束效应对仿真计算的影响。在模型保存后将其导入 ANSYS 软件。

（2）倾斜角度射孔套管有限元网格划分。建立几何模型并设置材料属性后，在 ANSYS 软件中进行网格划分，结果如图 6-16 所示，图中详细展示了倾斜射孔套管网格划分与孔边周围网格划分细节。虽然套管几何模型并不复杂，但其在射孔后，套管几何结构不再对称、受力分布不再均匀。因此，本章使用了自由网格划分算法自动生成网格，自由网格划分凭借其自由度高、随机性好、划分质量优等特点成为最常用的网格划分方法，通过随机算法在模型表面自动产生低边形网格，在模型上自动产生低面体网格。定义单元尺寸（Element Size）为 10 mm。由于射孔套管孔眼集中受力的原因，需要在孔边细化目标，网格在弯曲部分细分，所以跨度中心角（Span Angle Center）选择细化，得到 37 670 个网格，节点数为 75 780。

（3）倾斜角度射孔套管模型载荷与边界条件设置。在建立的倾斜角度射孔套管中，假定套管孔眼处不受约束，套管管体添加以下约束条件：

1）管体两端不加对称约束。

2）管体两端固定，避免套管在外部载荷作用下发生位移。

3）管体外部载荷，在管体的外表面加均匀分布的压力 P。

（4）倾斜角度射孔套管模型仿真分析设置。如图 6-17（a）所示，通过特征值屈曲分析可预测欧拉临界载荷，并以此作为理论上的屈曲强度，但该结果相比真实临界载荷通常不够精确。如图 6-17(b) 所示，由于钢材的应力应变特性，往往需要在特征值分析结果的基础上进行非线性屈曲分析，可以得到更为精确的结果。因此，采用非线性屈曲分析方法探究倾斜射孔套管的剩余强度。

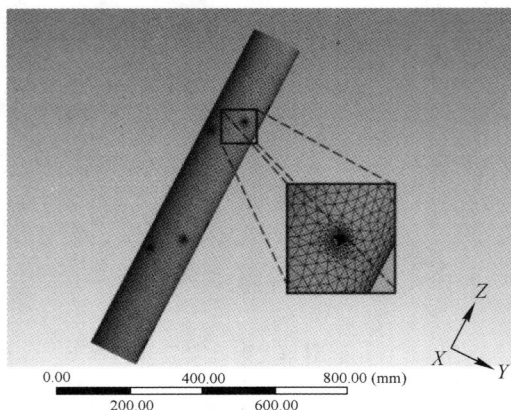

图 6-16　倾斜角度射孔套管有限元网格划分模型

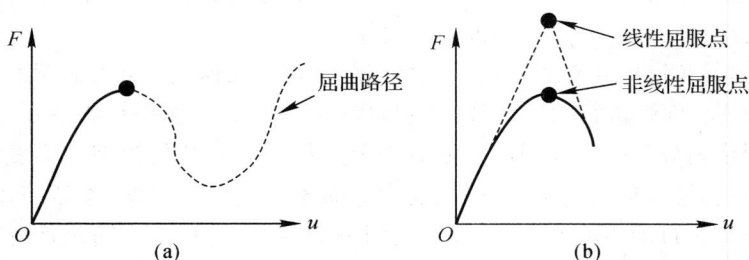

图 6-17　屈曲曲线

(a)非线性屈曲载荷—位移曲线；(b)线性(特征值)屈曲曲线

首先，通过 ANSYS 静力学分析模块(Static Structural)和特征值屈曲分析模块(Eigenvalue Bucking)分析套管结构的特征值。选用 Φ139.7 mm × 9.17 mm N80 套管作为分析对象，在外壁施加单位载荷，打开预应力，进行静力学分析求解及特征值屈曲分析，求解得到的特征值即为屈曲载荷乘子。特征值屈曲分析结果如图 6-18 所示，其最大径向形变为 1.359 8 mm，屈曲载荷为 164.78 MPa。

其次，进行非线性屈曲分析。非线性屈曲分析一般需要对模型设置初始扰动，设置扰动的方式有两种，分别是施加另一较小力和添加初始几何缺陷。本节以特征值屈曲分析中形变量的 0.001 倍作为初始扰动,添加 N80 钢级材料的双线性各向同性强化曲线,并将上一步中得到的屈曲载荷作为外压加在套管管壁上,即施加外压为 164.78 MPa。

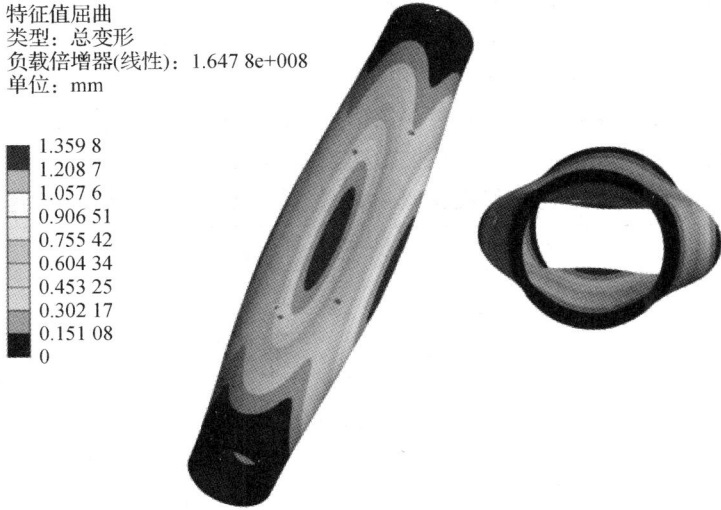

特征值屈曲
类型: 总变形
负载倍增器(线性): 1.647 8e+008
单位: mm

1.359 8
1.208 7
1.057 6
0.906 51
0.755 42
0.604 34
0.453 25
0.302 17
0.151 08
0

图 6 - 18　套管特征值屈曲分析结果

　　最后,得到非线性屈曲分析的结果,将其生成的 rst 分析结果文件导入 ANSYS,应用 ANSYS 后处理技术,通过分析射孔套管最大形变量对应的节点,绘制套管径向位移-外压关系曲线,如图 6 - 19 所示。当外压靠近临界值时,套管承受外压小幅度的增加即可引起套管大幅度的应变,套管的抗挤强度也就是该临界值。从图 6 - 19 可知,该套管的临界抗挤强度为 47.791 MPa。

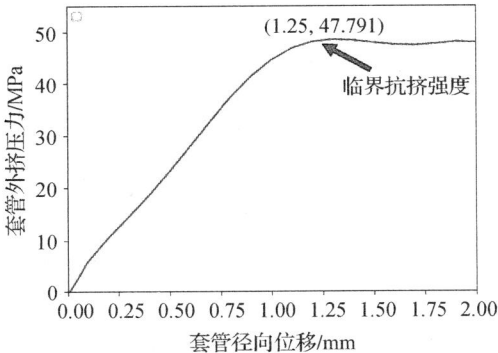

图 6 - 19　套管径向位移-外压关系曲线

6.1.3 倾斜角度射孔套管有限元结果分析

本节选取 16 孔/m 孔密,5°~30°倾斜角,10~18 mm 孔径,15°~180°相位角,规格为 Φ139.7 mm×9.17 mm N80 倾斜射孔套管作为分析对象。通过倾斜射孔套管有限元分析方法,分析得到不同组射孔参数下,倾斜射孔套管剩余强度及剩余强度系数的数值解。部分结果见表 6-2,表 6-2 展示了不同参数下倾斜射孔套管剩余强度与剩余强度系数数值解的具体数据。

表 6-2 倾斜角度射孔套管剩余强度与剩余强度系数数值解

射孔倾斜角/(°)	相位角/(°)	孔径/mm	数值解/MPa	剩余强度系数
10	30	10	49.638	0.815
10	30	14	46.270	0.760
10	30	18	40.623	0.667
10	60	10	51.614	0.848
10	60	14	48.312	0.793
10	60	18	43.912	0.721
10	90	10	52.982	0.870
10	90	14	50.643	0.832
10	90	18	45.832	0.753
20	30	10	47.394	0.778
20	30	14	44.324	0.728
20	30	18	38.726	0.636
20	60	10	48.421	0.795
20	60	14	46.761	0.768
20	60	18	41.954	0.689
20	90	10	49.971	0.821
20	90	14	47.221	0.775
20	90	18	43.235	0.710
30	30	10	45.963	0.755
30	30	14	43.627	0.716
30	30	18	37.247	0.612

续表

射孔倾斜角/(°)	相位角/(°)	孔径/mm	数值解/MPa	剩余强度系数
30	60	10	47.531	0.780
30	60	14	44.493	0.731
30	60	18	41.226	0.677
30	90	10	49.544	0.814
30	90	14	46.912	0.770
30	90	18	43.547	0.715

通过表 6-2 倾斜射孔套管剩余强度有限元分析结果可知,规格为 Φ139.7 mm×9.17 mm N80 倾斜射孔套管剩余强度仿真结果与射孔参数呈现一定相关性,与倾斜角和孔径均呈负相关。当相位角依次增大(即 30°、60°、90°)时,套管剩余强度仿真结果最大值(即在 10° 倾斜角、10 mm 孔径时)依次是 49.638 MPa、51.614 MPa、52.982 MPa;剩余强度仿真结果最小值(即在 30° 倾斜角、18 mm 孔径)依次是 37.247 MPa、41.226 MPa、43.547 MPa。在上述倾斜射孔套管剩余强度仿真计算中,相较于未射孔套管,降低幅值在 18.14%~28.50% 以内。

(1)倾斜角对倾斜射孔套管剩余强度的影响。当分析倾斜角与倾斜射孔套管剩余强度的相关性时,选定 16 孔/m 孔密、90° 相位角、10 mm 孔径,倾斜角在 5°~30° 范围内变化,选用 Φ139.7 mm×9.17 mm N80 倾斜射孔套管进行有限元分析。图 6-20 所示为倾斜射孔套管剩余强度随倾斜角变化趋势。

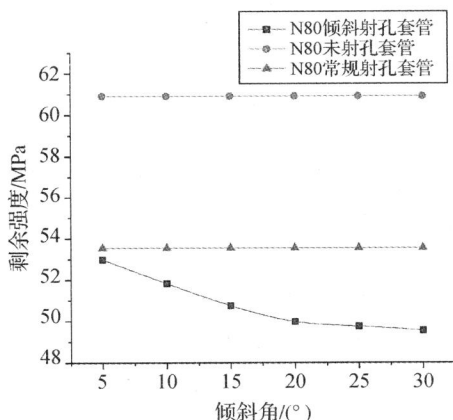

图 6-20　倾斜射孔套管仿真结果随倾斜角变化趋势

由图 6-20 可以看出,在除倾斜角外其他参数不变的情况下,Φ139.7 mm×9.17 mm N80 倾斜射孔套管剩余强度与倾斜角呈负相关。相较于常规射孔套管,剩余强度降低幅值在 1.08%～9.15%之间;相较于未射孔的套管,套管剩余强度降低幅值在 13.02%～18.61%之间。

(2)相位角对倾斜角度射孔套管剩余强度的影响。当分析相位角与倾斜射孔套管剩余强度的相关性时,选定 16 孔/m 孔密、30°倾斜角、10 mm 孔径,相位角在 15°～180°范围内变化,选用 Φ139.7 mm×9.17 mm N80 倾斜射孔套管进行有限元分析。图 6-21 所示为倾斜射孔套管剩余强度随相位角变化趋势。

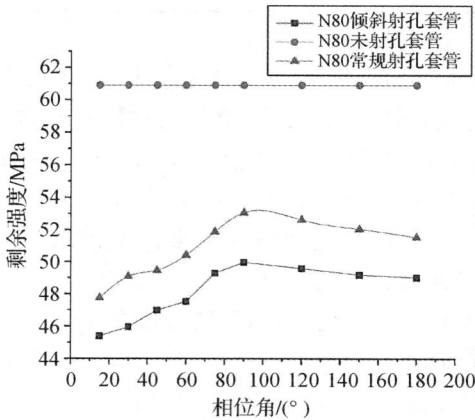

图 6-21　倾斜射孔套管仿真结果随相位角变化趋势

由图 6-21 可以看出,在除相位角外其他参数不变的情况下,Φ139.7 mm×9.17 mm N80 倾斜射孔套管剩余强度与相位角先呈正相关然后呈负相关。相较于常规射孔套管,剩余强度降低幅值在 4.59%～6.03%之间;相较于未射孔的套管,剩余强度降低幅值在 17.93%～25.29%之间。

(3)孔径对倾斜角度射孔套管剩余强度的影响。当分析孔径与倾斜射孔套管剩余强度仿真结果的相关性时,选定 16 孔/m 孔密、30°倾斜角、90°相位角,孔径在 10～18 mm 范围内变化,选用 Φ139.7 mm×9.17 mm N80 倾斜射孔套管进行有限元分析。图 6-22 所示为倾斜射孔套管剩余强度随孔径变化趋势。

由图 6-22 可以看出,在除孔径外其他参数不变的情况下,Φ139.7 mm×9.17 mm N80 倾斜射孔套管剩余强度与孔径呈负相关。相较于常规射孔套管,剩余强度降低幅值在 3.11%～4.59%之间;相较于未射孔的套管,套管剩余强度降低幅值在 16.11%～34.35%之间。对比图 6-21 与图 6-22 可知,孔径对于套管剩余强度变化幅值相较于其他参数变化较大,由此可见,在其他参数不变的情况下,孔径的改变对倾斜射孔套管剩余强度结果影响较大。

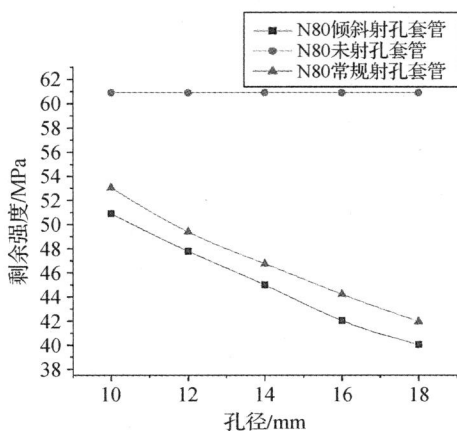

图 6 - 22　倾斜射孔套管仿真结果随孔径变化趋势

6.1.4　倾斜角度射孔套管剩余强度解析解与数值解对比分析

本节为检验所推导的倾斜射孔套管剩余强度方程得到解析解的准确性,利用 ANSYS 有限元分析法得到不同射孔参数下倾斜射孔套管剩余强度的数值解,将解析解与数值解相互对比校验,提高倾斜射孔套管剩余强度分析方法的精度。部分对比结果见表 6 - 3,解析解与数值解的详细比较如图 6 - 23～图 6 - 26 所示。

表 6 - 3　倾斜射孔套管剩余强度解析值和数值解对比

射孔倾斜角/(°)	相位角/(°)	孔径/mm	解析解/MPa	数值解/MPa	误差/(%)
10	30	10	53.988	49.638	7.143
10	30	14	49.518	46.270	5.333
10	30	18	44.871	40.623	6.975
10	60	10	54.116	51.614	4.108
10	60	14	50.200	48.312	3.100
10	60	18	48.653	43.912	7.785
10	90	10	55.139	52.982	3.542
10	90	14	51.960	50.643	2.163

续表

射孔倾斜角/(°)	相位角/(°)	孔径/mm	解析解/MPa	数值解/MPa	误差/(%)
10	90	18	48.976	45.832	5.163
20	30	10	51.996	47.394	7.557
20	30	14	47.204	44.324	4.729
20	30	18	42.338	38.726	5.931
20	60	10	52.538	48.421	6.760
20	60	14	49.542	46.761	4.567
20	60	18	45.803	41.954	6.320
20	90	10	54.256	49.971	7.036
20	90	14	50.462	47.221	5.322
20	90	18	47.216	43.235	6.537
30	30	10	50.900	45.963	8.107
30	30	14	44.987	43.627	2.233
30	30	18	40.048	37.247	4.599
30	60	10	51.936	47.531	7.233
30	60	14	47.819	44.493	5.461
30	60	18	43.537	41.226	3.795
30	90	10	53.830	49.544	7.038
30	90	14	48.750	46.912	3.018
30	90	18	44.950	43.547	2.304

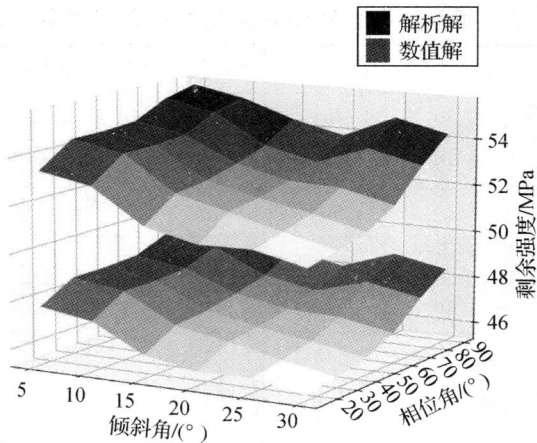

图 6-23　不同倾斜角、相位角下倾斜射孔套管剩余强度数值解与解析解对比

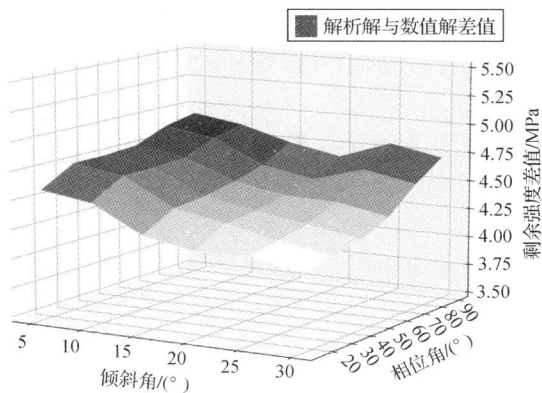

图 6-24　不同倾斜角、相位角下倾斜射孔套管剩余强度解析解与数值解差值示意图

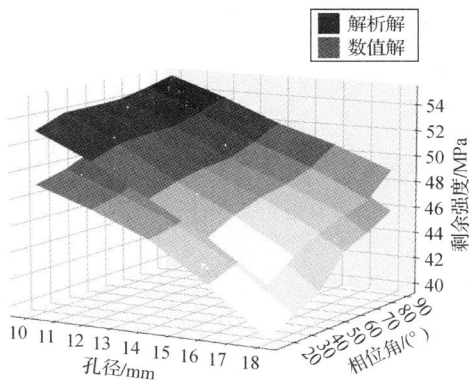

图 6-25　不同孔径、相位角下倾斜射孔套管剩余强度解析解与数值解对比

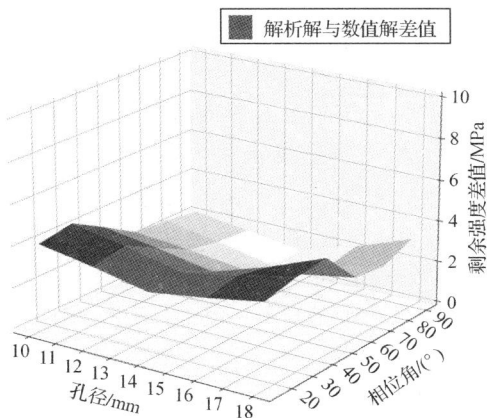

图 6-26　不同孔径、相位角下倾斜射孔套管剩余强度解析解与数值解差值示意图

从表 6-3、图 6-23～图 6-26 可以看出,当除倾斜角外其他参数不变,倾斜角在 5°～30°范围内变化时,利用解析解与数值解得到的剩余强度降低幅值分别在 8.51%～12.63% 和 13.02%～18.61% 范围内变动,两者剩余强度整体趋势大体相同,差值不超过 4.94 MPa,相差不超过 8.11%;当除孔径外其他参数不变,孔径在 10～18 mm 范围内变化时,利用解析解与数值解得到的剩余强度降低幅值分别在 13.77%～30.24% 和 16.11%～34.35% 范围内变动,两者剩余强度整体趋势大体相同,差值不超过 3.53 MPa,相差不超过 5.81%;当除相位角外其他参数不变,相位角在 15°～180°范围内变化时,利用解析解与数值解得到的剩余强度降低幅值分别在 12.60%～18.12% 和 17.93%～25.29% 范围内变动,两者剩余强度整体趋势大体相同,差值不超过 4.02 MPa,相差不超过 6.60%。该对比结果验证了本书提出的解析解方法与应用的有限元数值分析方法的正确性,适用于不同射孔参数下非常规射孔套管剩余强度计算,具有方便计算的特点,可以为不具备实验室环境的油田工程师们提供快捷简便的计算方法。

本节根据弹性力学复变函数理论、孔板理论和常规射孔套管剩余强度理论,构建倾斜射孔套管力学模型,建立倾斜射孔套管剩余强度方程,选取若干组倾斜角、相位角、孔径等射孔参数组合进行算例分析,利用 Python 编程解算建立倾斜射孔套管方程,得到解析解;为验证和完善理论分析,运用有限元分析方法建立倾斜射孔套管剩余强度有限元模型,对倾斜射孔套管剩余强度进行数值分析;对比分析解析解与数值解,发现两者差值范围较小,因此所建立的倾斜射孔套管剩余强度分析方法可以作为其剩余强度计算依据。具体结果如下:

(1)当其他参数不变时,选取射孔倾斜角在 5°～30°范围内变化,射孔套管剩余强度与倾斜角呈负相关。相较于常规射孔套管,利用解析解与数值解得到的剩余强度分别在 0.79%～6.87% 和 1.08%～9.15% 范围内变动;与未射孔套管相比,利用解析解与数值解得到的剩余强度分别在 8.51%～12.63% 和 13.02%～18.61% 范围内变动。

(2)当其他参数不变时,选取射孔相位角在 15°～180°范围内变化,射孔套管剩余强度与相位角先呈正相关后呈负相关。相位角在 15°～90°逐渐增大时,套管剩余强度也逐渐增大;相位角在 90°～180°逐渐增大时,套管剩余强度逐渐减小。相较于常规射孔套管,利用解析解与数值解得到的剩余强度分别在 2.94%～4.87% 和 4.59%～6.03% 范围内变动;与未射孔套管相比,利用解析解与数值解得到的剩余强度分别在 12.60%～18.12% 和 17.93%～25.29% 范围内变动。

(3)当其他参数不变时,选取射孔孔径在 10～18 mm 范围内变化,射孔套管剩余强度与孔径呈负相关。相较于常规射孔套管,利用解析解与数值解得到的剩余强度分别在 2.02%～3.25% 和 3.11%～4.59% 范围内变动;与未射孔套管相比,利用解析解与数值解得到的剩余强度分别在 13.77%～30.24% 和 16.11%～34.35% 范围内变动。

（4）在不同的倾斜角、射孔相位角、射孔孔径、射孔孔密等参数下,本章推导的倾斜射孔套管剩余强度方程得到的解析解与有限元分析得到的数值解,两者差值不超过 4.94 MPa,相差不超过 8.11%。该对比结果验证了本章提出的理论分析与有限元数值分析方法的正确性,适用于一般不同射孔参数下的射孔套管剩余强度计算。

6.2　定面射孔套管剩余强度分析

在能源需求不断增长而常规能源产量开始下降的背景下,很多油田利用非常规方法和技术手段进行油气开采以满足现有能源需求。定面射孔作为一种新型的射孔方式,对页岩气、煤气层、致密油气等非常规油气田开发来说有着极为重要的地位。这种射孔方式不同于普通螺旋射孔,其布孔方式特殊,即在套管同一横切面的管壁上形成多个孔眼,在有效油层面上获得更多的射孔通道,从而获得更大的泄流面积,但这些孔眼在地层中会造成沿井筒的应力集中,在套管壁上也会发生明显的应力集中,降低套管强度[54]。因此,为尽可能避免因套管强度不够而影响油气生产,对定面射孔套管剩余强度进行分析显得十分重要。

考虑到复杂的地质环境可能会导致套管受到外部压力不均匀性变大,因此当使用有限元法分析定面射孔套管剩余强度时,假设套管受均匀外挤力,将理论分析与有限元方法结合起来,构建定面射孔套管剩余强度分析方法。利用控制变量法计算在不同射孔参数下的定面射孔套管剩余强度,为实际定面射孔作业提供数据分析与理论支持。

6.2.1　定面射孔套管剩余强度理论分析

常规射孔器每发射孔弹都是单独单元,但定面射孔器需要利用几个射孔弹形成一个整体,射孔后一簇射孔弹会出现在套管某一横切面上,以形成沿井筒横向的应力集中,能够有效控制裂缝走向,降低岩层破裂压力。下面将基于孔板理论对定面射孔套管进行理论分析。定面射孔套管物理模型示意图,如图 6-27 所示。

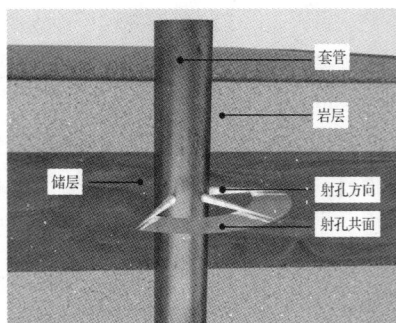

图 6-27　定面射孔套管模型示意图

（1）定面射孔套管力学模型。定面射孔后在垂直于井筒平面上形成多个孔眼，导致孔眼之间相互干涉，因此要在之前传统孔板理论的基础上综合考虑孔间干扰因素。本书根据孔间干扰模型以及有限元分析中定面射孔套管孔边缘受力模型，提出定面射孔受力模型，并在此基础上分析定面射孔套管的剩余强度。

假定射孔套管外径与内径分别为 D 与 d，且内壁表面、外壁表面分别承受 P_i、P_o 的压力，轴向承受 F_s 的作用力，如图 6-28(a)所示。套管每单元应力分布如图 6-28(b)所示，径向应力、环向应力、轴向应力分别为 σ_r、σ_θ、σ_s。

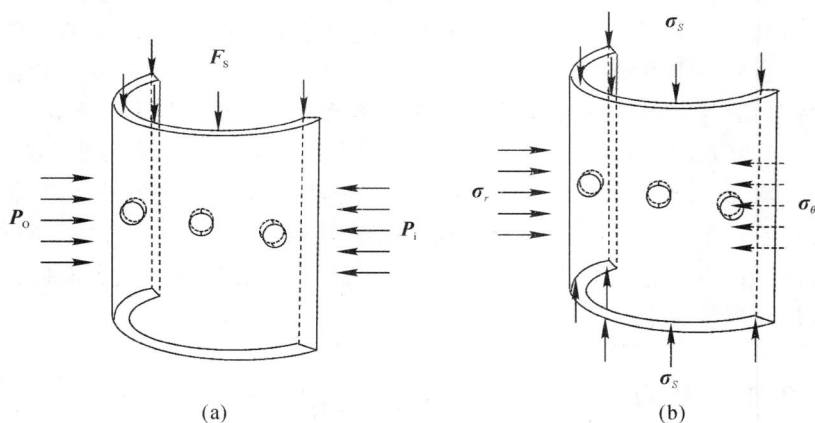

(a)　　　　　　　　　　(b)

图 6-28　定面射孔套管应力状态以及受力状态
(a)定面射孔套管受力状态；(b)定面射孔套管应力状态

当分析定面射孔套管时，参考常规射孔套管构建模型的方式构建其模型，定面射孔套管模型，如图 6-29 所示。可以沿轴线方向展开套管，并分析单独孔眼的受力情况，得到图 6-30 所示的孔板受力模型。

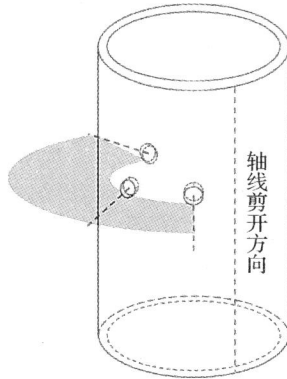

图 6 - 29　定面射孔套管示意图

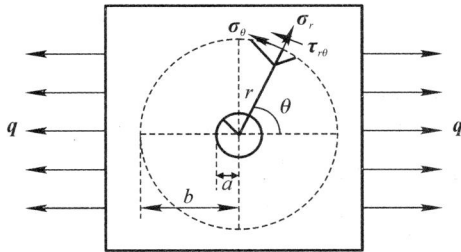

图 6 - 30　孔板受力模型

如图 6 - 30 所示,其中有一大圆以及一小圆两个同心圆,其中小圆为孔眼,且大圆半径 b 远大于小圆半径 a。根据圣维南定理,在较大的圆周上各个应力应与无射孔时同一点应力相同:

$$\left.\begin{aligned} \sigma_r &= \frac{1}{2}P(1+\cos2\theta)\\ \sigma_{r\theta} &= -\frac{P}{2}\sin2\theta \end{aligned}\right\} \tag{6-20}$$

式(6 - 20)表示,分布在半径为 b 的圆周上有两种力:一种为分布均匀的法向力 $P/2$ 和随着 θ 变化的法向力 $P\cos2\theta/2$,另一组为切向力 $-P\sin2\theta/2$。因此,其边界条件为

$$\left.\begin{aligned} (\sigma_r)_{r=a} &= 0, (\sigma_r)_{r=b} = \frac{P}{2}\cos2\theta\\ (\sigma_{r\theta})_{r=a} &= 0, (\sigma_{r\theta})_{r=b} = -\frac{P}{2}\sin2\theta \end{aligned}\right\} \tag{6-21}$$

法向力在圆周上的分布根据弹性力学理论可知

$$\sigma_r = \frac{b^2}{b^2-a^2}\,\frac{P}{2}\left(1-\frac{a^2}{r^2}\right)$$
$$\sigma_\theta = \frac{b^2}{b^2-a^2}\,\frac{P}{2}\left(1+\frac{a^2}{r^2}\right)$$
$$\sigma_{r\theta} = 0$$

(6 - 22)

该模型应力函数由弹塑性力学[49]可知

$$U = (Ar^2 + Br^4 + Cr^{-2} + D)\cos2\theta \qquad (6-23)$$

求得的应力分量为

$$\sigma_r = \frac{1}{r}\frac{\partial U}{\partial r}+\frac{1}{r^2}\frac{\partial^2 U}{\partial\theta^2}=-\left(2A+\frac{6C}{r^4}+\frac{4D}{r^2}\right)\cos2\theta$$
$$\sigma_\theta = \frac{\partial^2 U}{\partial r^2}=\left(2A+12Br^2+\frac{6C}{r^4}\right)\cos2\theta$$
$$\sigma_{r\theta} =-\frac{\partial}{\partial r}\left(\frac{1}{r}\frac{\partial U}{\partial\theta}\right)=\left(2A+6Br^2-\frac{6C}{r^4}-\frac{2D}{r^2}\right)\sin2\theta$$

(6 - 24)

式中:A、B、C、D 为任意参数。

将边界条件式(6-21)代入式(6-24)可求得参数 A、B、C、D,并得到新的径向应力、周向应力及切应力方程,见下式:

$$\sigma_r = \frac{P}{2}\left(1-\frac{a^2}{r^2}\right)+\frac{P}{2}\left(1+\frac{3a^4}{r^4}-\frac{4a^2}{r^2}\right)\cos2\theta$$
$$\sigma_\theta = \frac{P}{2}\left(1+\frac{a^2}{r^2}\right)-\frac{P}{2}\left(1+\frac{3a^4}{r^4}\right)\cos2\theta$$
$$\sigma_{r\theta} =-\frac{P}{2}\left(1-\frac{3a^4}{r^4}+\frac{2a^2}{r^2}\right)\sin2\theta$$

(6 - 25)

式中:r 为套管中心到射孔点之间的距离,mm;a 为孔眼半径,mm;θ 为与水平正方向夹角,(°)。

根据弹塑性力学 Mises 屈服准则,考虑所有应力分量对套管壁进入塑性状态的影响,任意状态下射孔套管的屈服应力为

$$\sigma_s =\sqrt{\frac{1}{2}\left[(\sigma_1+\sigma_2)^2+(\sigma_2-\sigma_3)^2+(\sigma_1-\sigma_3)^2\right]} \qquad (6-26)$$

式中

$$\sigma_1 = \frac{\sigma_r+\sigma_\theta}{2}+\sqrt{\left(\frac{\sigma_r+\sigma_\theta}{2}\right)^2+\tau_{r\theta}^2}$$
$$\sigma_2 = 0$$
$$\sigma_3 = \frac{\sigma_r+\sigma_\theta}{2}-\sqrt{\left(\frac{\sigma_r+\sigma_\theta}{2}\right)^2+\tau_{r\theta}^2}$$

(6 - 27)

按照第四强度理论,将射孔套管的屈服应力 σ_s 与许用应力 $[\sigma]$ 的比较作为判断套管是否屈服的准则:

$$\sigma_s \leqslant [\sigma] \tag{6-28}$$

根据式(6-26)～式(6-28)中的条件对定面射孔套管进行强度校核,从而确保射孔套管工作安全。

定面射孔孔间应力的相互作用,会导致射孔套管剩余强度降低较快,因此应探究孔板理论中孔间应力干扰范围。无线宽板中间存在半径为 a 的圆孔,在该宽板上存在均匀拉伸应力 $P^{[55]}$,且应力分布如图 6-31 所示。

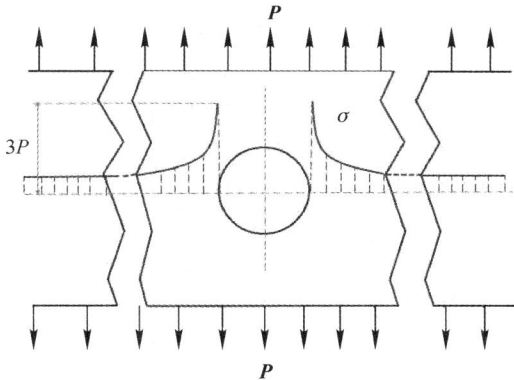

图 6-31　带孔无限宽板上的应力

无限宽板中间挖孔,导致挖孔周围应力较未挖孔时显著提高。在无限宽板上任取一点,随着该点与挖孔圆心的距离 ρ 的增大,该点应力受孔边应力影响逐渐减小直至平稳收敛到 P。为探究孔边应力影响范围,列出下式

$$\frac{P}{2}\left(2 + \frac{a^2}{\rho^2} + \frac{3a^4}{\rho^4}\right) = (1 + \Delta)P \tag{6-29}$$

上式的解为

$$\rho_{disturb} = \frac{a\sqrt{6}}{\sqrt{\sqrt{24\Delta + 1} - 0.5}} \tag{6-30}$$

式中:Δ 为工程许用误差取 2.5%,代入式(6-30)后,得到 $\rho_{disturb} = 2.77a$。即:当 $\rho_{disturb} \leqslant 2.77a$ 时,其受力会受到周围孔的共同影响。

(2)定面射孔套管剩余强度方程建立及求解。在定面射孔作业发生后,在套管某一横切面上形成多个孔眼,改变套管上同一横切面的应力分布,形成孔眼附近的局部应力集中,其应力分布从螺旋射孔沿着螺纹方向的分布状况如图 6-32(a)所示,两定面射孔间弧形分布状况如图 6-32(b)所示,两孔间的应力反而

比弧形应力要小,因此无法使用传统螺旋射孔套管中两孔中点受力情况来衡量整个套管的剩余强度,定面射孔套管的剩余强度需要根据其套管的应力分布特别进行分析。

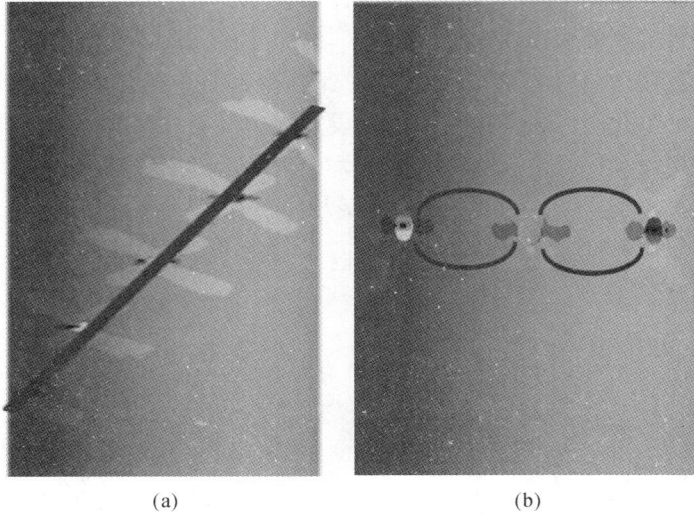

(a)   (b)

图 6-32 普通螺旋射孔套管和定面射孔套管的应力分布对比
(a)螺旋射孔应力分布;(b)定面射孔应力分布

不同相位角的定面射孔套管的仿真结果应力分布如图 6-33 所示。

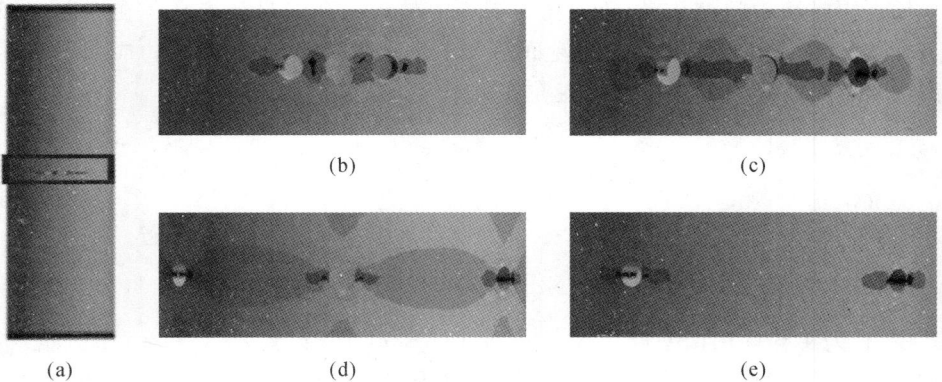

(a)   (b)   (c)   (d)   (e)

图 6-33 不同相位角定面射孔应力分布示意图
(a)定面射孔套管;(b)15°相位角下射孔应力分布;(c)30°相位角下射孔应力分布;
(d)60°相位角下射孔应力分布;(e)90°相位角下射孔应力分布

根据定面射孔套管应力分布情况可以发现:所造成的应力集中现象呈现 X 形,且其形状范围随孔密、孔径、相位角等参数变化。

相位角与应力分布的关系:相位角越小,同一射孔孔眼上最大 Mises 应力差值越小,最大 Mises 应力作用范围越大,即最大作用力圈(X 形圈半径)与相位角成反比。

孔径与应力分布的关系:孔径越大,应力分布的面积越大,应力分布面积与孔径大小成正比。

孔密与应力分布的关系:孔密越大,不同组定面射孔间距离越小,同组定面射孔的影响范围越小。因此,我们创建定面射孔套管对应的屈服点模型,如图 6-34 所示。

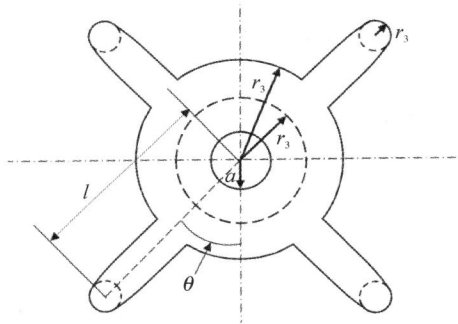

图 6-34　不同相位角定面射孔应力分布示意图

根据发现的规律,使用以下经验公式:

$$\theta_b = \frac{\theta_{xwj}}{\sqrt{3}} \tag{6-31}$$

$$r_3 = \frac{10a}{n_{km}} \tag{6-32}$$

$$l_b = \rho_{disturb} \tag{6-33}$$

$$r_1 = \frac{1.5a}{\cos\left(\dfrac{\theta_{xwj}}{2}\right)} \tag{6-34}$$

$$r_2 = \frac{2.5a}{\cos\left(\dfrac{\theta_{xwj}}{2}\right)} \tag{6-35}$$

式中:θ_b 是 X 模型分支与竖直中心轴之间的夹角,(°);r_1、r_2、r_3 为图 6-34 中标注出的三段圆弧的半径,mm;a 是射孔半径,mm;n_{km} 是射孔密度,孔/m;θ_{xwj} 是射孔相位角,(°);$\rho_{disturb}$ 是式(6-30)计算的孔间干扰范围。

定面射孔套管剩余强度解析解与孔径、孔密、相位角等射孔参数相关,通过求解该范围内所有屈服应力的平均值,最终得到相应的解。由于理论模型的中心对称性,仅计算其中 1/4 部分即可。σ_s 的离散表达形式为

$$\sigma_s = \frac{1}{n} \int_{\Omega} \sigma_{is} \qquad (6-36)$$

式中:Ω 是所有采样点 p_i 的集合,σ_{is} 是区域 Ω 内点 p_i 的屈服强度,通过对其积分可以求得该射孔参数下定面射孔套管的屈服应力。其中 σ_{is} 为

$$\sigma_{is} = \sqrt{\frac{3\,(\sigma_{ip} - \sigma_{i\theta})^2}{4} + 3\tau_{ip\theta}^2 + \frac{(\sigma_{ip} + \sigma_{i\theta})^2}{4}} \qquad (6-37)$$

式中:σ_{ip}、$\sigma_{i\theta}$、$\tau_{ip\theta}$ 为采样点 p_i 的径向应力、周向应力及切应力,可以通过式(6-25)求得。

考虑到解析解应具有计算简便、速度快,便于现场计算等特点,采用其中几个关键点用于计算。如图 6-35 所示,通过图中三关键点的平均值或五关键点的平均值代替整体积分的效果。

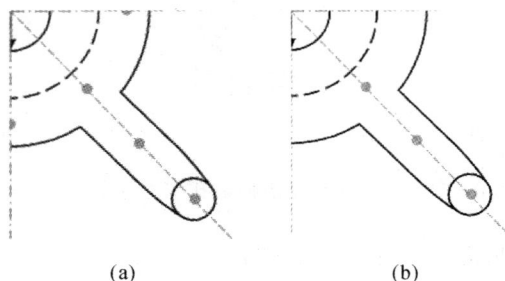

图 6-35 三关键点与五关键点示意图
(a)五关键点取样法;(b)三关键点取样法

通过式(6-36)、式(6-37)得到定面射孔套管的屈服应力 σ_s,将其代入式(6-16)即可求解定面射孔套管的剩余强度系数。

本节使用 Python 语言,通过编程自动计算定面射孔套管的剩余强度及剩余强度系数,通过在区域内自动取部分点代入式(6-36)求该射孔套管的剩余强度。该程序含有两个超参数,分别为积分模式与积分步幅。积分模式分为全积分、三关键点积分与五关键点积分三种模式;积分步幅可以设定积分程序在某距离均匀采集目标。当积分步幅越大时,其采样点数量越少,具体关键点采集与步幅关系示意图如图 6-36 所示。

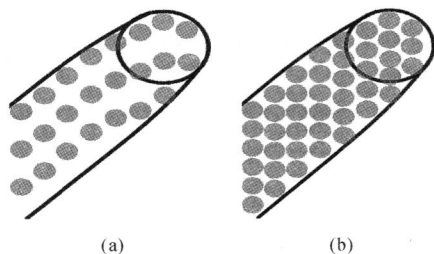

图 6-36　不同步幅下关键点采集局部示意图

(a)步幅为 2 mm；(b)步幅为 1 mm

6.2.2　定面射孔套管剩余强度解析解算例分析

本节选用孔密为 9～24 孔/m,射孔孔径为 4～18 mm,相位角为 15°～90°,规格为 Φ139.7 mm×9.17 mm N80 的定面射孔套管作为分析对象,利用 Python 软件解算 6.1.1 节中所建立的定面射孔套管剩余强度方程,得到不同射孔参数下,套管剩余强度及剩余强度系数的解析解。通过分析解析计算结果,来完善定面射孔套管剩余强度的理论分析。部分结果见表 6-4,此表主要展示在不同参数下定面射孔套管剩余强度与剩余强度系数的具体数据。

表 6-4　定面射孔套管剩余强度与剩余强度系数解析解

孔密/(孔·m⁻¹)	相位角/(°)	孔径/mm	解析解/MPa	剩余强度系数
9	30	10	52.372	0.860
9	30	14	50.951	0.837
9	30	18	49.714	0.816
9	60	10	49.286	0.809
9	60	14	47.379	0.778
9	60	18	45.953	0.755
9	90	10	47.341	0.777
9	90	14	45.631	0.749
9	90	18	43.976	0.722
15	30	10	51.206	0.841
15	30	14	49.374	0.811
15	30	18	47.736	0.784
15	60	10	47.341	0.777

续表

孔密/(孔·m⁻¹)	相位角/(°)	孔径/mm	解析解/MPa	剩余强度系数
15	60	14	46.126	0.757
15	60	18	44.793	0.736
15	90	10	46.077	0.757
15	90	14	44.816	0.736
15	90	18	43.186	0.709
21	30	10	49.118	0.807
21	30	14	47.625	0.782
21	30	18	46.792	0.768
21	60	10	46.077	0.757
21	60	14	45.426	0.746
21	60	18	43.537	0.715
21	90	10	45.098	0.741
21	90	14	43.141	0.708
21	90	18	42.479	0.698

由表 6-4 可知,规格为 Φ139.7 mm×9.17 mm N80 定面射孔套管剩余强度计算结果与射孔参数呈现一定相关性,与孔径和孔密均呈负相关。当相位角依次增大(即 30°、60°、90°)时,定面射孔套管剩余强度计算结果最大值(即在 9 孔/m、10 mm 孔径)依次是 52.372 MPa、49.286 MPa 和 47.341 MPa。定面射孔套管剩余强度计算结果最小值(即在 21 孔/m、18 mm 孔径)依次是 46.792 MPa、43.537 MPa 和 42.479 MPa,在上述定面射孔套管剩余强度结果中,相较于未射孔套管,降低幅值在 14.06%～30.25% 以内。

图 6-37、图 6-38、图 6-39 分别是 Φ139.7 mm×9.17 mm N80 射孔套管剩余强度随相位角、孔径、孔密变化的趋势。

由图 6-37 可知,选定 9 孔/m 孔密、10 mm 孔径保持不变,相位角在 15°～90°范围内变化,选用 Φ139.7 mm×9.17 mm N80 定面射孔套管,其剩余强度计算结果与相位角先呈正相关后呈负相关。当相位角为 30°时套管剩余强度最大,当相位角为 15°时套管剩余强度最小。相较于常规射孔套管,剩余强度降低幅值最高为 16.31%,最低为 0.91%;相较于未射孔套管,剩余强度降低幅值最大为 25.31%,最小为 15.90%。当相位角在 15°～30°范围内变化时,相位角每增加 1°剩余强度增大 0.542 MPa;当相位角在 30°～90°范围内变化时,相位角每增加 1°剩余强度降低 0.063 MPa。

由图 6-38 可知,选定 9 孔/m 孔密、30°相位角保持不变,孔径在 4～18 mm 范围内变化,选用 Φ139.7 mm×9.17 mm N80 定面射孔套管,其剩余强度计算结果与孔径呈负相关。当孔径为 4 mm 时套管剩余强度最大,当孔径为 18 mm 时套管剩余强度最小。相较于常规射孔套管,两者剩余强度变化趋势相近;相较于未射孔套管,剩余强度降低幅值最大为 19.70%,最小为 6.17%。当孔径在 4～10 mm 范围内,孔径每增加 1 mm 剩余强度降低 0.817 MPa;孔径在 10～18 mm 范围内,孔径每增加 1 mm 剩余强度降低 0.242 MPa。

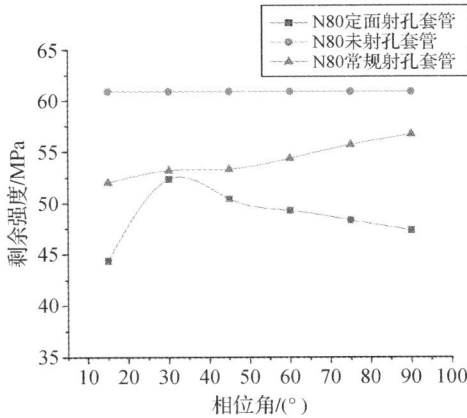

图 6-37　定面射孔套管剩余强度随相位角变化曲线

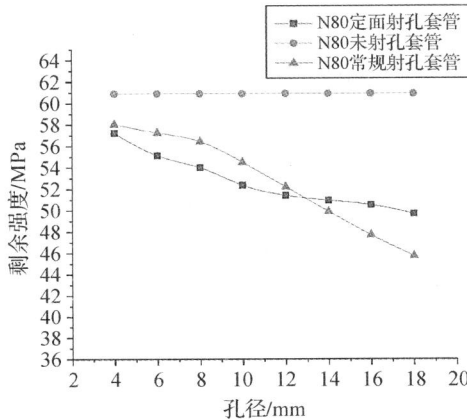

图 6-38　定面射孔套管剩余强度随孔径变化曲线

由图 6-39 可知,选定 30°相位角,10 mm 孔径保持不变,孔密在 9~24 孔/m
范围内变化,选用 Φ139.7 mm×9.17 mm N80 定面射孔套管,其剩余强度计算
结果与孔密呈负相关。当孔密为 9 孔/m 时剩余强度最大,孔密为 24 孔/m 时剩
余强度最小。相较于常规射孔套管,剩余强度降低幅值最高为 11.14%,最低为
7.88%;相较于未射孔套管,剩余强度降低幅值最大为 21.15%,最小为
14.13%。孔密在 9~15 孔/m 内,每米增加 1 孔剩余强度降低 0.133 MPa;孔密
在 15~24 孔/m 内,每米增加 1 孔剩余强度低 0.397 MPa。

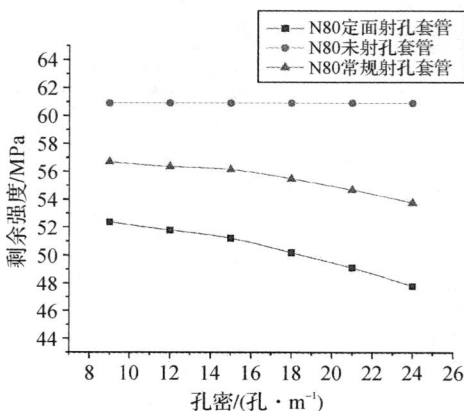

图 6-39　定面射孔套管剩余强度随孔密变化曲线

6.2.3　定面射孔套管剩余强度有限元分析

本节利用 ANSYS 有限元分析方法,建立定面射孔套管有限元模型,对定面
射孔套管剩余强度进行数值分析,并将其作为数值解,与力学方程计算出的解析
解进行对比。定面射孔套管有限元分析流程如图 6-40 所示。

(1)定面射孔套管几何模型建立及材料属性设置。本节严格按照定面射孔
套管射孔工艺建立三维几何模型,建立的定面射孔套管的几何模型如图 6-41
所示,射孔后套管某一横切面上会出现 3 个孔眼。

使用 SolidWorks 建模软件构建定面射孔套管三维模型,套管管长应大于套
管直径的 8 倍,且要小于套管直径的 10 倍,以减小端部约束效应对仿真计算的
影响。在模型保存后将其导入 ANSYS 软件。

(2)定面射孔套管有限元网格划分。在几何模型建立并设置材料属性后,对
定面射孔套管进行网格划分,但射孔后会引起套管受力不均匀,因此本节采用自

动网格划分算法自动生成网格,同时要在射孔孔边周围细化曲度目标,网格在弯曲部分细分,得到35 480个网格和87 620个节点。定面射孔套管有限元划分网格模型如图6-42所示。

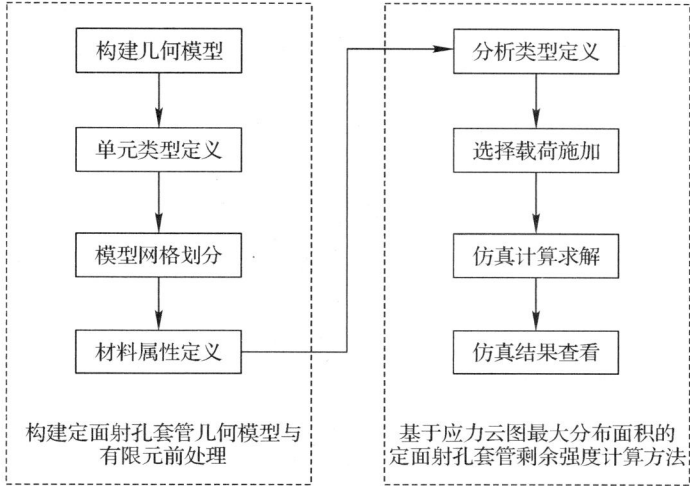

图6-40　定面射孔套管有限元分析流程

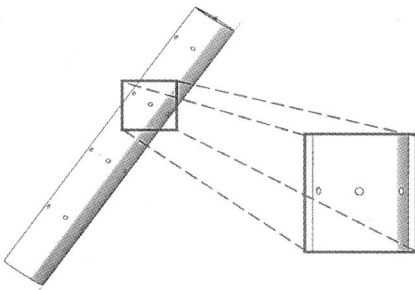

图6-41　定面射孔套管几何模型

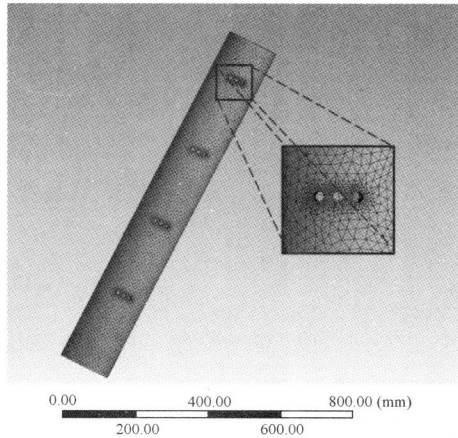

图6-42　定面射孔套管有限元网格模型

　　(3)定面射孔套管模型载荷与边界条件设置。此处不考虑射孔工艺对孔眼边缘的影响,在套管孔眼处不受约束的基础上,添加以下约束条件:

　　1)管体两端部加对称约束;

2)管体两端加固定,避免套管在外部载荷作用时产生位移;

3)管体外部载荷,在管体的外表面加均匀分布的压力 P。

(4)定面射孔套管模型仿真方法。定面射孔套管静力学分析应力云图如图 6-43 所示,可以明显观察到,边界约束效应与射孔边缘应力集中效应导致其应力分布云图与常规螺旋射孔套管应力分布不同。在螺旋射孔中,常用有限元分析方法不能作为整体定面射孔套管剩余强度计算的方法[41],故本节采用基于应力云图最大分布面积的定面射孔剩余强度计算方法。

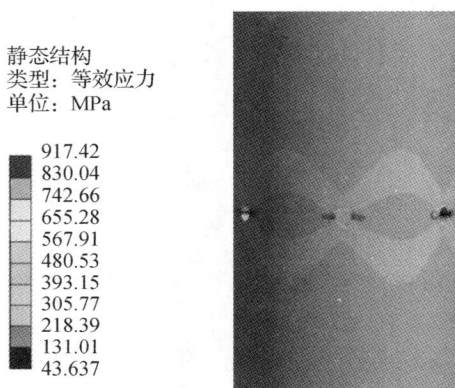

静态结构
类型: 等效应力
单位: MPa

917.42
830.04
742.66
655.28
567.91
480.53
393.15
305.77
218.39
131.01
43.637

图 6-43　定面射孔套管局部应力云图

在数值分析结果中,射孔边缘出现的最大 Mises 应力为 917.4 MPa,通过分析定面射孔套管的应力分布体积及形状可知,其中射孔孔眼周围的绿色应力图谱范围最大,可使用该区域的应力值作为套管剩余强度的计算准则。该区域应力值为 480.5~567.9 MPa,根据该区域极值 567.9 MPa 进行计算,具体计算公式为

$$\mu = \frac{P \times \sigma_s}{\kappa \times \sigma_1} \tag{6-38}$$

式中:P 为套管目前承受的外压载荷,MPa;μ 为计算得到的剩余强度系数;σ_s 为材料屈服强度,MPa;σ_1 为绿色应力图谱中绿色区域中最大 Mises 应力,MPa;κ 是套管理论抗外挤强度,MPa。

6.2.4　定面射孔套管有限元结果分析

本节选用孔密为 9~24 孔/m,射孔孔径为 4~18 mm,相位角为 15°~90°,规格为 Φ139.7 mm×9.17 mm N80 定面射孔套管作为分析对象,采用定面射孔套管有限元分析方法,分析得到不同组射孔参数下,定面射孔套管剩余强度及剩余强度系数的数值解。部分结果见表 6-5,此表主要展示了不同射孔参数下,定面射孔套管剩余强度与剩余强度系数数值解。

表 6-5　定面射孔套管剩余强度与剩余强度系数数值解

孔密/(孔·m^{-1})	相位角/(°)	孔径/mm	数值解/MPa	剩余强度系数
9	30	10	47.705	0.783
9	30	14	46.582	0.765
9	30	18	44.926	0.738
9	60	10	45.252	0.743
9	60	14	45.327	0.744
9	60	18	43.914	0.721
9	90	10	43.707	0.718
9	90	14	42.142	0.692
9	90	18	41.834	0.687
15	30	10	46.778	0.768
15	30	14	45.973	0.755
15	30	18	43.743	0.718
15	60	10	43.707	0.718
15	60	14	42.936	0.705
15	60	18	41.529	0.682
15	90	10	42.702	0.701
15	90	14	41.583	0.683
15	90	18	40.752	0.669
21	30	10	45.113	0.741
21	30	14	43.663	0.717
21	30	18	42.975	0.706
21	60	10	42.702	0.701
21	60	14	41.352	0.679
21	60	18	40.462	0.664
21	90	10	41.924	0.688
21	90	14	40.784	0.670
21	90	18	39.793	0.653

通过有限元分析结果可知,规格为 Φ139.7 mm×9.17 mm N80 定面射孔套管剩余强度仿真结果与射孔参数呈现一定相关性,与孔径和孔密呈负相关,与相位角先呈正相关后呈负相关。当相位角依次增大(即 30°、60°、90°)时,定面射孔套管剩余强度仿真结果最大值(即在 9 孔/m、10 mm 孔径)依次是 47.705 MPa、45.252 MPa 和 43.707 MPa。定面射孔套管剩余强度仿真结果最小值(即在 21 孔/m、18 mm 孔径)依次是 42.975 MPa、40.462 MPa 和 39.793 MPa。在上述定面孔套管剩余强度结果中,相较于未射孔套管,降低幅值在 21.70%～34.70%以内。

(1)相位角对定面射孔套管剩余强度的影响。当分析相位角与定面射孔套管剩余强度的相关性时,选定 9 孔/m 孔密、10 mm 孔径保持不变,相位角在 15°～90°范围内变化,选用 Φ139.7 mm×9.17 mm N80 定面射孔套管进行有限元分析。图 6-44 为不同相位角下定面射孔套管应力分布云图。

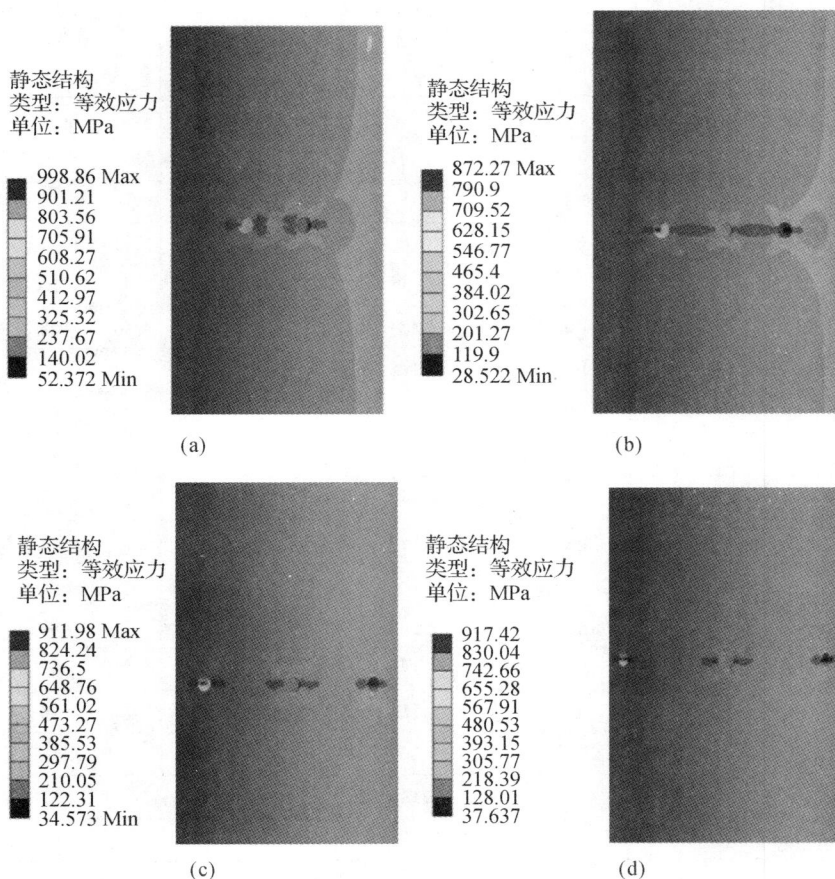

静态结构
类型: 等效应力
单位: MPa

998.86 Max
901.21
803.56
705.91
608.27
510.62
412.97
325.32
237.67
140.02
52.372 Min

(a)

静态结构
类型: 等效应力
单位: MPa

872.27 Max
790.9
709.52
628.15
546.77
465.4
384.02
302.65
201.27
119.9
28.522 Min

(b)

静态结构
类型: 等效应力
单位: MPa

911.98 Max
824.24
736.5
648.76
561.02
473.27
385.53
297.79
210.05
122.31
34.573 Min

(c)

静态结构
类型: 等效应力
单位: MPa

917.42
830.04
742.66
655.28
567.91
480.53
393.15
305.77
218.39
128.01
37.637

(d)

静态结构
类型：等效应力
单位：MPa

935.77
846.64
757.52
668.39
579.26
490.14
401.01
311.89
223.76
133.64
41.509

静态结构
类型：等效应力
单位：MPa

954.12
863.24
772.37
681.5
590.62
499.75
408.88
318
229.13
136.26
45.382

(e)　　　　　　　　　　　(f)

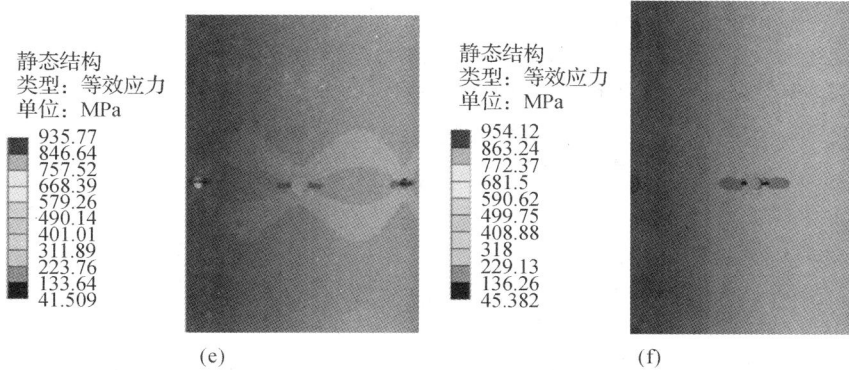

图 6-44　不同相位角下定面射孔套管应力分布云图

(a)15°相位角定面射孔套管应力分布云图；(b)30°相位角定面射孔套管应力分布云图；
(c)45°相位角定面射孔套管应力分布云图；(d)60°相位角定面射孔套管应力分布云图；
(e)75°相位角定面射孔套管应力分布云图；(f)90°相位角定面射孔套管应力分布云图

由图 6-44 可知,对于除相位角外其他射孔参数不变的定面射孔套管,其剩余强度随相位角的增大先增大后减小。当射孔相位角为 15°时,如图 6-44(a)所示,其应力集中现象发生在两个射孔中间,射孔相位角偏小导致套管射孔间剩余管料较少,应力集中作用显著,易在射孔孔眼中间发生挤毁,定面射孔套管剩余强度最低。如图 6-44(b)所示,当相位角在 30°左右时,此时孔眼附近的最大应力与最小应力差值较其他相位角要小,这说明定面射孔导致集中应力被释放,从而提高套管剩余强度,定面射孔套管的剩余强度达到最大值。当射孔相位角从 30°继续升高至 90°时,随着相位角逐渐增大,射孔集中应力释放效果降低,其剩余强度也逐渐降低。图 6-45 所示为定面射孔套管剩余强度随相位角变化示意图。

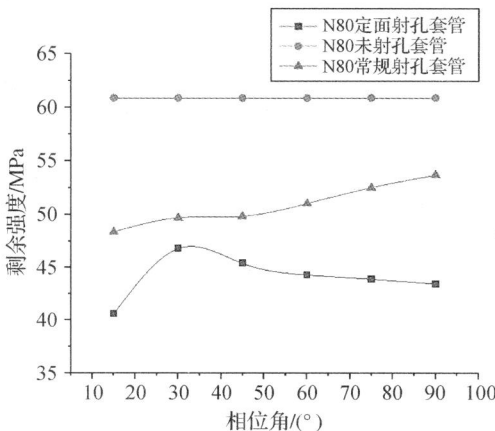

图 6-45　定面射孔套管仿真结果随相位角变化曲线

由图 6-45 可以看出,当除相位角外其他射孔变量不变时,Φ139.7 mm×
9.17 mm N80 定面射孔套管剩余强度与相位角先呈正相关后呈负相关。相较
于常规射孔套管,套管剩余强度降低幅值在 4.92%～19.40% 之间;相较于未射
孔的套管,套管剩余强度降低幅值在 21.12%～33.69% 之间。

（2）孔径对定面射孔套管剩余强度的影响。当分析孔径与定面射孔套管剩
余强度的相关性时,选定 9 孔/m 孔密、30°相位角保持不变,孔径在 4～18 mm
范围内变化,选用 Φ139.7 mm×9.17 mm N80 定面射孔套管进行有限元分析。
图 6-46 所示为不同射孔孔径下定面射孔套管应力分布云图。

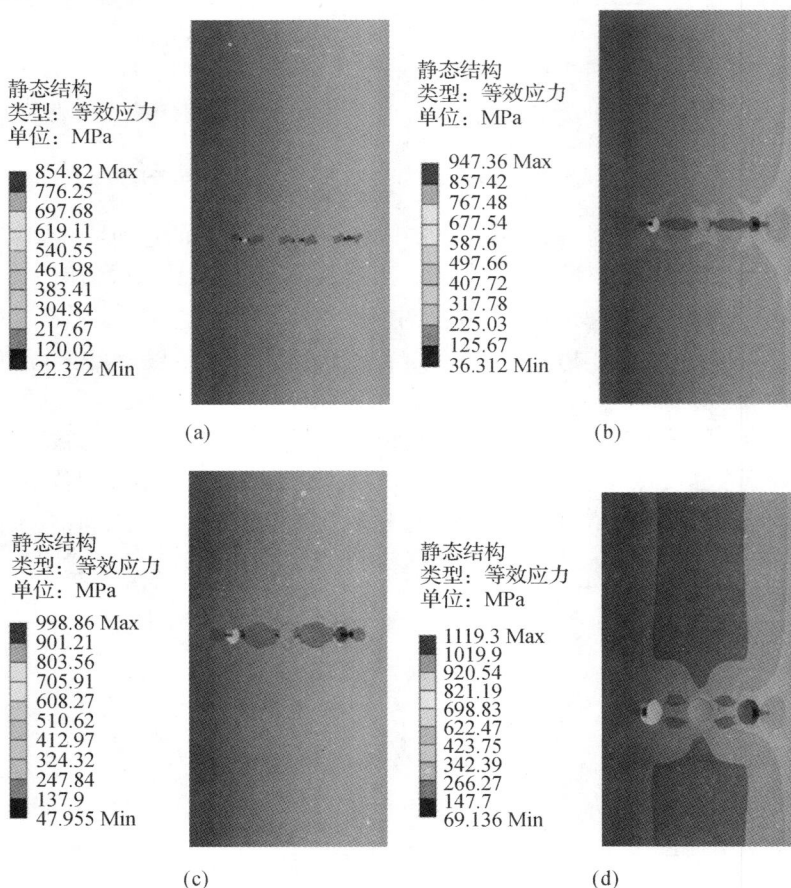

图 6-46　不同孔径大小下定面射孔套管应力分布云图
(a)4 mm 孔径定面射孔套管应力分布云图;(b)10 mm 孔径定面射孔套管应力分布云图;
(c)14 mm 孔径定面射孔套管应力分布云图;(d)18 mm 孔径定面射孔套管应力分布云图

由图 6-46 可以看出,对于除孔径外其他射孔参数不变的定面射孔套管,随着孔径的增大,射孔间管料减少,定面射孔周围最大 Mises 应力逐渐增大,射孔周围应力云图颜色不断加深,剩余强度也逐渐减小。图 6-47 所示为定面射孔套管剩余强度随孔径变化曲线。

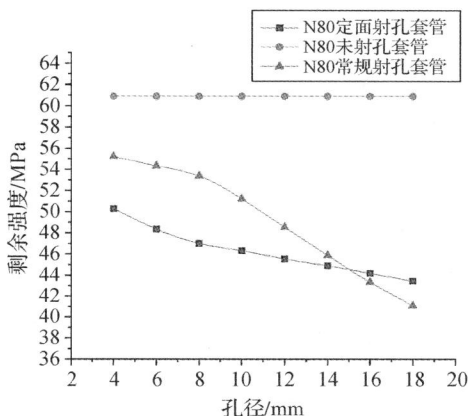

图 6-47　定面射孔套管剩余强度随孔径变化曲线

由图 6-47 可以看出,当除孔径外其他射孔变量不变时,Φ139.7 mm×9.17 mm N80 定面射孔套管剩余强度与孔径呈负相关,但在孔径大约为 15 mm 时,两种射孔方式得到的套管剩余强度相同。相较于常规射孔套管,套管剩余强度降低速度缓慢;相较于未射孔的套管,套管剩余强度降低幅值在 13.61%~27.76% 之间。

(3)孔密对定面射孔套管剩余强度的影响。当分析孔密与定面射孔套管剩余强度仿真结果的相关性时,选定 10 mm 孔径、30° 相位角保持不变,孔密在 9~24 孔/m 范围内变化,选用 Φ139.7 mm×9.17 mm N80 定面射孔套进行有限元分析。图 6-48 所示为不同射孔孔密下定面射孔套管应力分布云图。

由图 6-48 可以看出,对于除孔密外其他射孔参数不变的定面射孔套管,随着孔密的增大,不同射孔簇间管料减少,定面射孔周围最大 Mises 应力逐渐增大,射孔周围应力云图颜色不断加深,剩余强度也逐渐减小。图 6-49 所示为定面射孔套管剩余强度随孔密变化曲线。

由图 6-49 可以看出,当除孔密外其他射孔变量不变时,Φ139.7 mm×9.17 mm N80 定面射孔套管剩余强度与孔密呈负相关。相较于常规射孔套管,套管剩余强度降低幅值在 10.91%~12.22% 之间;相较于未射孔的套管,套管剩余强度降低幅值在 21.63%~26.74% 之间。

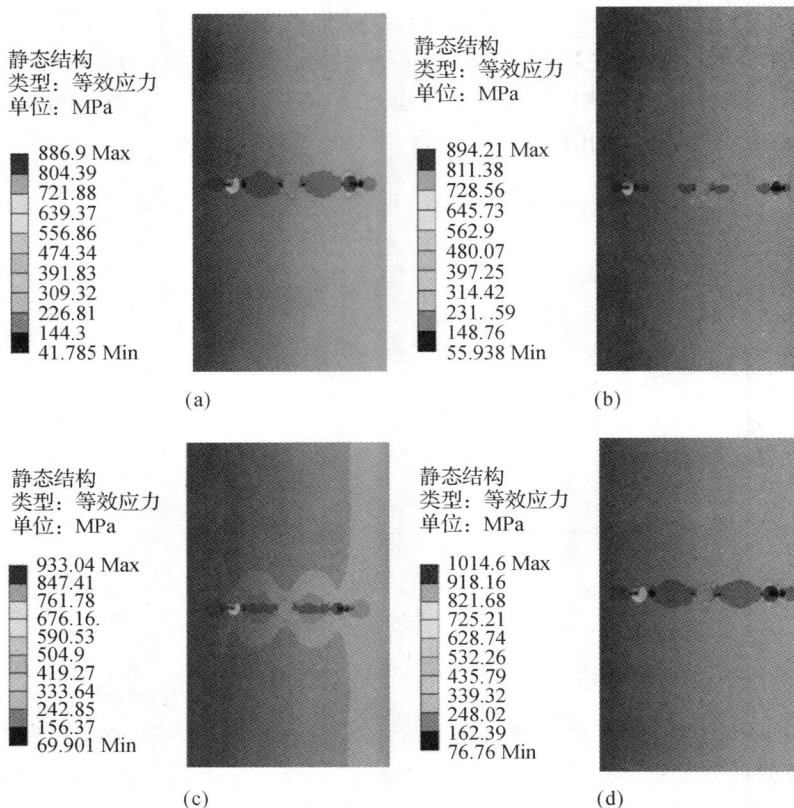

静态结构
类型：等效应力
单位：MPa

886.9 Max
804.39
721.88
639.37
556.86
474.34
391.83
309.32
226.81
144.3
41.785 Min

(a)

静态结构
类型：等效应力
单位：MPa

894.21 Max
811.38
728.56
645.73
562.9
480.07
397.25
314.42
231..59
148.76
55.938 Min

(b)

静态结构
类型：等效应力
单位：MPa

933.04 Max
847.41
761.78
676.16.
590.53
504.9
419.27
333.64
242.85
156.37
69.901 Min

(c)

静态结构
类型：等效应力
单位：MPa

1014.6 Max
918.16
821.68
725.21
628.74
532.26
435.79
339.32
248.02
162.39
76.76 Min

(d)

图 6 - 48　不同孔密下定面射孔套管应力分布云图

(a)9 孔/m 定面射孔套管应力分布云图；(b)12 孔/m 定面射孔套管应力分布云图；
(c)18 孔/m 定面射孔套管应力分布云图；(d)24 孔/m 定面射孔套管应力分布云图

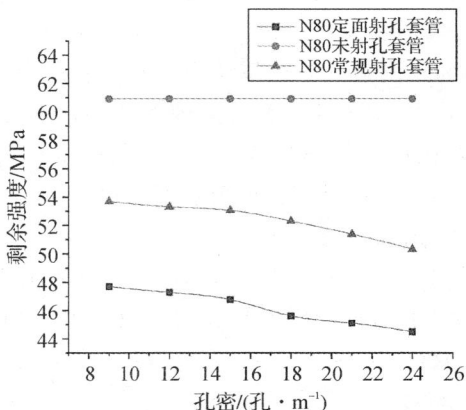

图 6 - 49　定面射孔套管剩余强度随孔密变化曲线

6.2.5 定面射孔套管剩余强度解析解与数值解对比分析

本节为检验所推导的定面射孔套管剩余强度方程得到的解析解的准确性，利用 ANSYS 有限元法分析不同射孔参数下，定面射孔套管的剩余强度的数值解，将解析解与数值解相互对比验证，得到的部分结果见表 6-6，解析解与数值解的详细比较如图 6-50 至图 6-53 所示。

表 6-6 定面射孔套管剩余强度解析值和数值解对比

孔密/(孔·m⁻¹)	相位角/(°)	孔径/mm	解析解/MPa	数值解/MPa	误差/(%)
9	30	10	52.372	47.705	7.663
9	30	14	50.951	46.582	7.174
9	30	18	49.714	44.926	7.862
9	60	10	49.286	45.252	6.624
9	60	14	47.379	45.327	3.369
9	60	18	45.953	43.914	3.348
9	90	10	47.341	43.707	5.967
9	90	14	45.631	42.142	5.729
9	90	18	43.976	41.834	3.517
15	30	10	51.206	46.778	7.271
15	30	14	49.374	45.973	5.585
15	30	18	47.736	43.743	6.557
15	60	10	47.341	43.707	5.967
15	60	14	46.126	42.936	5.238
15	60	18	44.793	41.529	5.360
15	90	10	46.077	42.702	5.542
15	90	14	44.816	41.583	5.309
15	90	18	43.186	40.752	3.997
21	30	10	49.118	45.113	6.563
21	30	14	47.625	43.663	6.506
21	30	18	46.792	42.975	6.268
21	60	10	46.077	42.702	5.542
21	60	14	45.426	41.352	6.690

续表

孔密/(孔·m⁻¹)	相位角/(°)	孔径/mm	解析解/MPa	数值解/MPa	误差/(%)
21	60	18	43.537	40.462	5.049
21	90	10	45.098	41.924	5.212
21	90	14	43.141	40.784	3.870
21	90	18	42.479	39.793	4.411

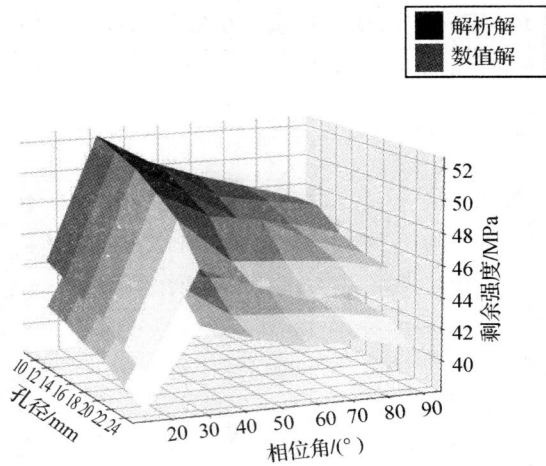

图 6-50 不同相位角、孔径下定面射孔套管剩余强度解析解与数值解

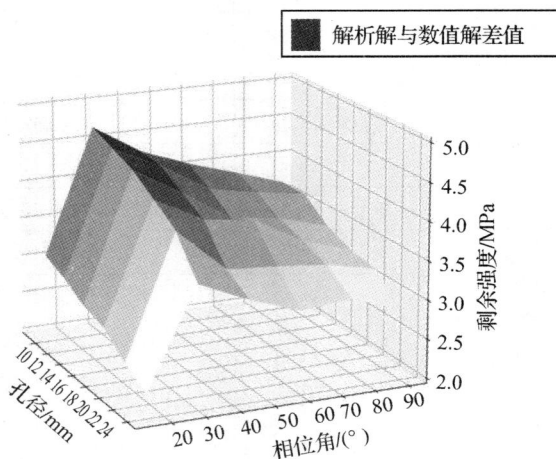

图 6-51 不同相位角、孔径下定面射孔套管剩余强度的解析解与数值解差值

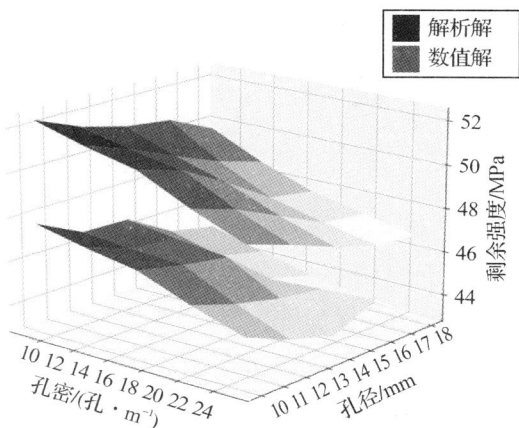

图 6-52　不同孔密、孔径下定面射孔套管剩余强度解析解与数值解

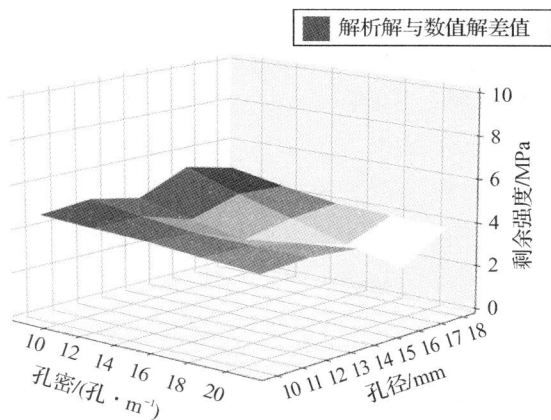

图 6-53　不同孔密、孔径下定面射孔套管剩余强度的解析解与数值解差值

　　从表 6-6、图 6-50～图 6-53 可以看出,当除孔径外其他参数不变,孔径在 4～24 mm 范围内变化时,利用解析解与数值解得到的剩余强度降低幅值分别在 6.17%～19.70% 和 13.61%～27.76% 范围内变动,两者剩余强度整体趋势大体相同,差值不超过 4.79 MPa,相差不超过 7.86%;当除相位角外其他参数不变,相位角在 15°～90° 范围内变化时,利用解析解与数值解得到的剩余强度降低幅值分别在 15.90%～25.31% 和 21.12%～33.69% 范围内变动,两者剩余强度整体趋势大体相同,差值不超过 4.79 MPa,相差不超过 7.86%;当除孔密外其他参数不变,孔密在 9～24 孔/m 范围内变化时,利用解析解与数值解得到

的剩余强度降低幅值分别在 14.13％～21.15％和 21.63％～26.74％范围内变动,两者剩余强度整体趋势大体相同,差值不超过 4.79 MPa,相差不超过 7.86％。该对比结果验证了本书提出的解析解方法与应用的有限元数值分析方法的正确性,并且适用于定面射孔套管剩余强度计算,可以高效精确地完成定面射孔套管剩余强度分析。

本节根据弹性力学孔板理论和常规射孔套管剩余强度理论,建立定面射孔套管剩余强度方程,在若干组不同射孔参数组合下,利用 Python 软件解算所建立定面射孔套管剩余强度方程,得到解析解;为验证和完善理论分析,再运用有限元分析方法对定面射孔套管剩余强度进行数值计算。对比解析解与数值解的差值,发现两者差值较小,因此所建立的定面射孔套管剩余强度分析方法可以作为其剩余强度的计算依据。具体结果如下:

(1)当其他参数不变时,选取射孔相位角在 15°～90°范围内变化,定面射孔套管剩余强度与相位角先呈正相关后呈负相关,在 15°～30°范围内剩余强度变化幅值大,在 30°～90°范围内剩余强度变化幅值小。相较于常规射孔套管,利用解析解与数值解得到的剩余强度分别在 0.91％～16.31％和 4.92％～19.40％范围内变动;与未射孔套管相比,利用解析解与数值解得到的剩余强度分别在 15.90％～25.31％和 21.12％～33.69％范围内变动。

(2)当其他参数不变时,选取射孔孔径在 4～24 mm 范围内变化,定面射孔套管剩余强度与射孔孔径呈负相关。相较于常规射孔套管,两者剩余强度变化趋势相似;与未射孔套管相比,利用解析解与数值解得到的剩余强度分别在 6.17％～19.70％和 13.61％～27.76％范围内变动。

(3)当其他参数不变时,选取射孔孔密在 9～24 孔/m 范围内变化,定面射孔套管剩余强度与射孔孔密呈负相关。相较于常规射孔套管,利用解析解与数值解得到的剩余强度分别在 7.88％～11.14％和 10.91％～12.22％范围内变动;与未射孔套管相比,利用解析解与数值解得到的剩余强度分别在 14.13％～21.15％和 21.63％～26.74％范围内变动。

(4)在不同的射孔相位角、射孔孔径、射孔孔密等情况下,本章所推导出的定面射孔套管剩余强度公式求得的解析解与有限元分析方法得到的数值解差值不超过 4.79 MPa,相差不超过 7.86％。该对比结果验证了本书提出解析解方法与应用有限元数值分析方法的正确性,适用于不同射孔参数下的定面射孔套管剩余强度计算。

6.3　定方位射孔套管剩余强度分析

为满足如今日益增长的能源需求,非常规油气资源的利用与开发也得到了石油行业的重视,但复杂的地理环境大大增加了油气开发的难度,尤其在射孔工艺方面,很多油田都开始利用非常规技术手段来满足当前生产的需要。

定方位射孔是一种特殊的射孔方法,在当前射孔作业中起到了不可或缺的作用。定方位射孔是一种新型可定方向射孔的技术,是普通射孔技术的优化。定方位射孔可以控制射孔方位,当射孔方位与最大主应力同向时,可以大幅提升压裂水平,但这种射孔会导致孔眼局部密集,造成孔眼处应力集中,降低套管剩余强度[56-57]。因此,为确保套管使用寿命,减少定方位射孔套管因剩余强度不足而导致套管损坏,有必要对定方位射孔套管剩余强度进行分析。

本章考虑到不稳定的地质环境可能会导致套管受到的外部压力不均匀性程度变大,因此当利用有限元法分析定面射孔套管剩余强度时,假设套管受均匀外挤力。将理论分析与有限元方法结合起来,构建定方位射孔套管剩余强度分析方法,探究不同射孔孔径、孔密等射孔参数下的套管剩余强度变化,为使用定方位射孔方式射孔的油田提供数据分析与理论依据。

6.3.1　定方位射孔套管剩余强度理论分析

定方位射孔可以控制射孔方位,从而达到射孔理想化状态,但是射孔后对套管也会造成很大程度的破坏。下面将基于弹性力学相关知识以及定方位射孔套管研究现状对定方位射孔套管进行理论分析。由弹性力学理论和岩层碎裂规则可知,开裂现象往往发生在沿着最大主应力方向,定方位射孔工艺可将射孔方向调至与最大主应力方向相同,以减小岩层起裂压力与裂缝弯曲摩阻,如图 6-54(a)(b)所示。

定方位射孔套管物理模型示意图如图 6-55 所示。在裂缝性油气层真实工况中存在普通套管射孔孔眼可用比例小、压裂摩阻大的缺陷,定方位射孔套管通过调整射孔方位至最大主应力方向,来克服常规射孔套管的不足。

(1)定方位射孔套管力学模型。本节根据垂直射孔套管力学模型及研究进展,分析定方位射孔套管的剩余强度。由于定方位射孔与最大水平的应力同向,而在局部地段中主应力方向相同,因此定方位射孔的相位角往往是 360°。假定射孔套管外径与内径分别为 D 与 d,且内壁表面、外壁表面分别承受 P_i、P_o 的压力;轴向承受 F_s 作用力如图 6-56(a)所示,套管每单元应力分布如图 6-56(b)所示;径向应力、环向应力、轴向应力分别为 σ_r、σ_θ、σ_s,定方位射孔套管模型如图 6-57 所示。

本节利用 6.2.1.2 节中证明的圆孔孔板理论,根据弹塑性力学 Mises 屈服准则,考虑所有应力分量对于套管壁进入塑性状态的影响,采用任意状态下射孔套管的屈服应力式(6-26),其中 σ_1、σ_2、σ_3 详见式(6-27)。

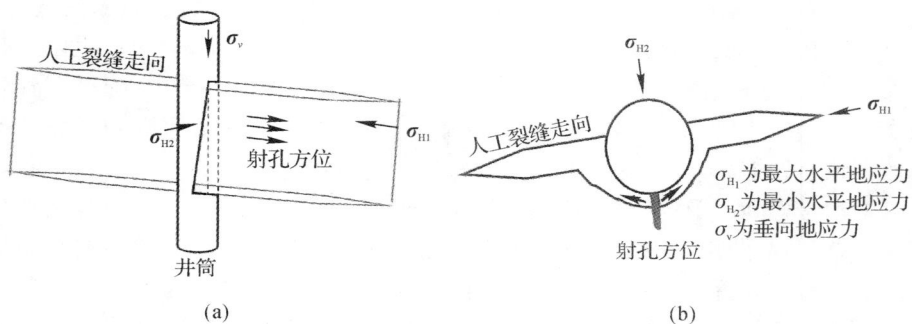

图 6-54 射孔方向与水平地应力呈不同角度时的人工裂缝走向
(a)射孔方位与最小水平地应力正交时人工裂缝走向;
(b)射孔方位与最小水平地应力低角度相交时人工裂缝走向

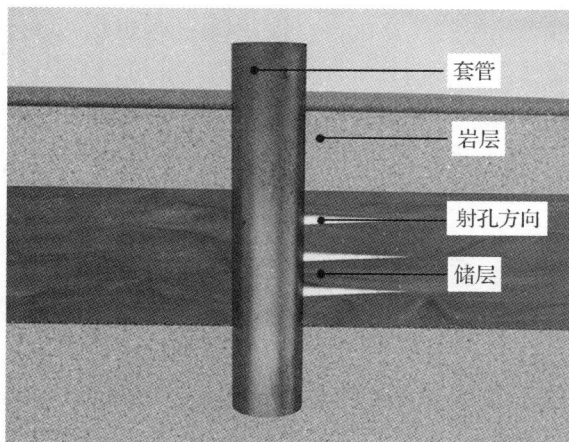

图 6-55 定方位射孔套管模型

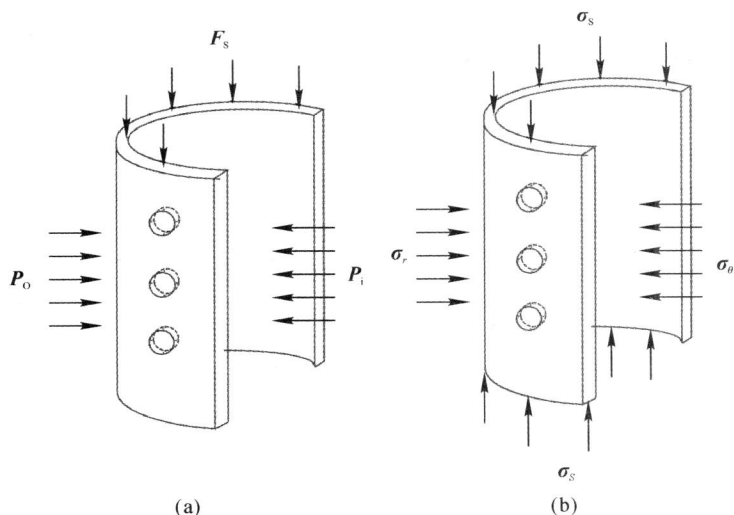

图 6-56　定方位射孔套管的受力状态及单元应力状态
(a)定方位射孔套管受力状态；(b)定方位射孔套管单元应力状态

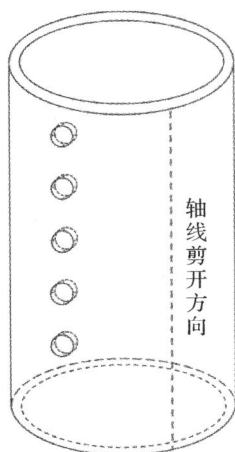

图 6-57　定方位射孔套管示意图

　　(2)定方位射孔套管剩余强度方程建立及求解。射孔后的套管由于孔边应力集中效应,射孔边缘的应力较管壁更大,且射孔孔眼间相对位置关系会直接影响到射孔套管的剩余强度。因此,不再单独采用射孔边缘的应力分布探究射孔套管的剩余强度,而应综合考虑射孔边缘应力分布及射孔间连线部分的应力分布。定方位射孔套管展开示意图如图 6-58 所示,选取相邻两射孔 O_1O_2 的中点 Q,当 Q 位置的最小应力值小于套管材料的屈服强度时,则代表套管未损坏。

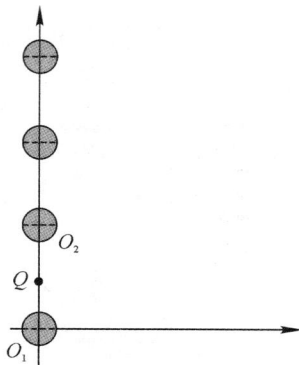

图 6-58 定方位射孔套管展开示意图

设射孔孔眼密度为 n、相位角为 α,根据模型几何关系可得到

$$\left.\begin{array}{l} r_Q = \dfrac{500}{n}\dfrac{360}{\alpha} \\[2mm] \theta_Q = 90° \end{array}\right\}$$ (6-39)

式中:r_Q 分别代表点 Q 在极坐标中距离原点(即点 O_1)的距离,mm;θ_Q 代表点 Q 与水平方向所成角度,°。

射孔套管的抗外挤强度系数一般定义为,射孔后套管的抗外挤强度与未射孔套管抗外挤强度的比值[20],见下式:

$$K = \frac{p_{cr}}{p_{ocr}} = \frac{1}{\sqrt{\sigma_s}}$$ (6-40)

式中:p_{cr} 为套管射孔后的抗外挤强度;p_{ocr} 为套管未射孔时的抗外挤强度。

计算过程中,将式(6-40)代入式(6-26)与式(6-27),求得套管屈服应力 σ_s,再将套管屈服应力 σ_s 代入式(6-40),得到套管抗外挤强度系数为

$$K = K_Q$$ (6-41)

本书采用 Python 编程解算定方位射孔套管剩余强度,通过键入孔径、孔密等参数,自动输出对应定方位射孔套管的剩余强度及剩余强度系数,如图 6-59 所示。此套管剩余强度为 47.449 MPa,剩余强度系数为 0.779。

图 6-59　Python 解算图示

6.3.2　定方位射孔套管剩余强度解析解算例分析

本节选用孔密为 4～14 孔/m，射孔孔径为 4～18 mm，规格为 Φ139.7 mm ×9.17 mm N80 定方位射孔套管作为分析对象，利用 Python 软件解算 6.3.1 节中所建立的定方位射孔套管剩余强度方程，得到不同射孔参数下，定方位射孔套管剩余强度及剩余强度系数的解析解。部分结果见表 6-7，此表主要展示在不同参数下，定方位射孔套管剩余强度与剩余强度系数的具体数据。

表 6-7　定方位射孔套管剩余强度与剩余强度系数解析解

孔密/(孔・m^{-1})	孔径/mm	剩余强度解析解/MPa	剩余强度系数
4	4	56.253	0.924
4	10	54.881	0.901
4	18	46.232	0.759
6	4	55.269	0.908
6	10	52.509	0.862
6	18	44.891	0.737
8	4	54.294	0.892
8	10	50.465	0.829
8	18	42.591	0.699

续表

孔密/(孔·m⁻¹)	孔径/mm	剩余强度解析解/MPa	剩余强度系数
10	4	53.317	0.875
10	10	47.083	0.773
10	18	39.947	0.656
12	4	51.231	0.841
12	10	45.622	0.749
12	18	38.204	0.627
14	4	49.253	0.809
14	10	42.083	0.691
14	18	36.594	0.601

通过表 6-7 定方位射孔套管剩余强度解析结果可知，规格为 Φ139.7 mm×9.17 mm N80 定方位射孔套管剩余强度计算结果与射孔参数呈现一定相关性，与孔密和孔径均呈负相关。当孔径依次增大（即 4 mm、10 mm、18 mm 时），定方位射孔套管剩余强度计算结果最大值（即在 4 孔/m 的孔密）依次是 56.253 MPa、54.881 MPa 和 46.232 MPa。定方位射孔套管剩余强度计算结果最小值（即在 14 孔/m 的孔密）依次是 49.253 MPa、42.083 MPa 和 36.594 MPa。上述定方位射孔套管剩余强度结果中，相较于未射孔套管，降低幅度在 7.60%～39.90%以内。

图 6-60、图 6-61 分别是 Φ139.7 mm×9.17 mm N80 射孔套管剩余抗挤强度随孔密、孔径的变化趋势。

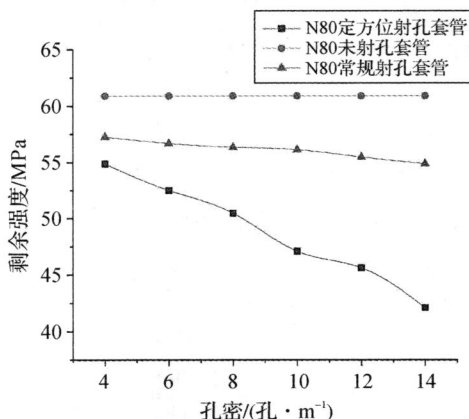

图 6-60　定方位射孔套管剩余强度结果随孔密变化曲线

　　由图 6-60 可知,选取孔密在 4～14 孔/m 范围内变化,孔径在 10 mm 固定参数下,Φ139.7 mm×9.17 mm N80 定方位射孔套管剩余强度与孔密呈负相关,孔密为 4 孔/m 时剩余强度最大,孔密为 14 孔/m 时剩余强度最小。相较于常规射孔套管,剩余强度降低幅值最大为 22.71%,最小为 4.31%;相较于未射孔套管,剩余强度降低幅值最大为 30.24%,最小为 9.71%。剩余强度变化速率逐渐减小。当孔密在 4～8 孔/m 范围内,孔密每增加 1 孔剩余强度下降 0.393 MPa;当孔密在 8～14 孔/m 范围内,孔密每增加 1 孔剩余强度下降 0.296 MPa。

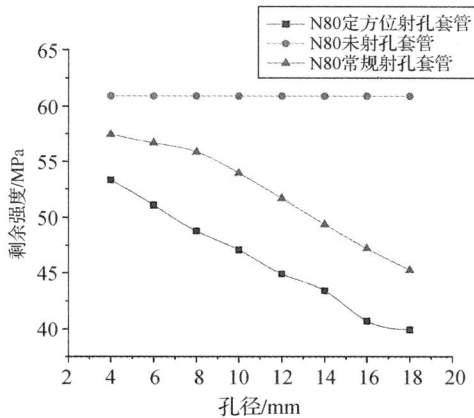

图 6-61　定方位射孔套管剩余强度结果随孔径变化曲线

　　由图 6-61 可知,选取孔径在 4～18 mm 范围内变化,孔密在 10 孔/m 固定参数下,Φ139.7 mm×9.17 mm N80 定方位射孔套管剩余强度与孔径呈负相关,当孔径为 4 mm 时套管剩余强度最大,当孔径为 18 mm 时套管剩余强度最小。相较于常规射孔套管,剩余强度降低幅值最大为 13.11%,最小为 6.11%;相较于未射孔套管,剩余强度降低幅值最高为 34.33%,最低为 12.80%,剩余强度变化速率逐渐增大。当孔径在 4～12 mm 范围内,孔径每增加 1 mm 剩余强度降低 0.121 MPa;当孔径在 12～18 mm 范围内时,孔径每增加 1 mm 剩余强度降低 0.836 MPa。

6.3.3　定方位射孔套管剩余强度有限元分析

　　为保证定方位射孔套管剩余强度解析解的正确性,确保实际作业中定方位射孔套管使用合理,本节通过有限元法分析定方位射孔套管的剩余强度,并将其作为数值解与力学方程计算出的解析解进行对比。定方位射孔套管有限元分析流程如图 6 - 62 所示。

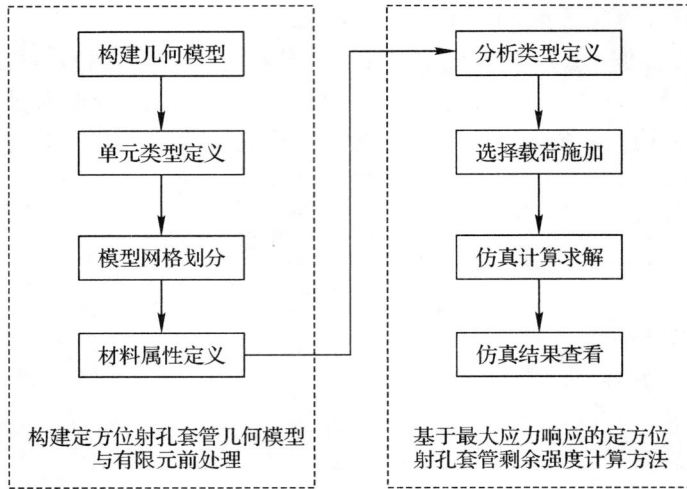

图 6 - 62　定方位射孔套管有限元分析流程

（1）定方位射孔套管几何模型建立及材料属性设置。本节严格按照定方位套管射孔工艺,建立定方位射孔套管的几何模型。定方位射孔孔眼方向与地层最大水平应力方向相同,因此定方位射孔套管相位角为 360°,定方位射孔呈一条线在套管上排布,如图 6 - 63 所示,其中定方位射孔细节如图 6 - 63 框中所示。

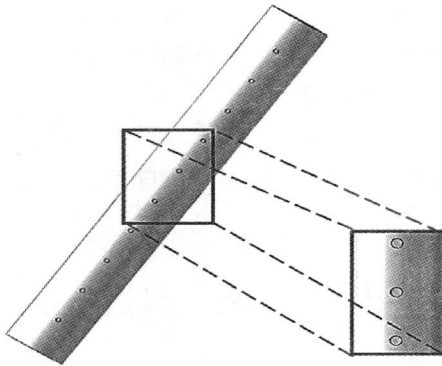

图 6 - 63　定方位孔套管几何模型

使用 SolidWorks 建模软件构建定方位射孔套管三维模型，套管管长应大于套管直径的 8 倍，且要小于套管直径的 10 倍，以减小端部约束效应对仿真计算的影响。在模型保存后将其导入 ANSYS 软件。

（2）定方位射孔套管有限元网格划分。建立几何模型并设置材料属性后，在 ANSYS 软件中进行网格划分，但射孔后会造成套管结构不对称，受力不均匀，因此本节使用自由网格划分算法自动生成网格，同时在射孔孔边周围细化曲度目标，得到 35 480 个网格，87 620 个节点。生成的定方位射孔套管有限元划分网格模型如图 6 - 64 所示，其中定方位孔边划分如图 6 - 64 框内所示。

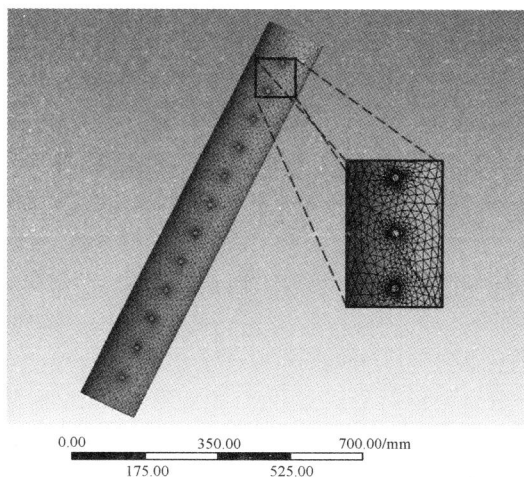

图 6 - 64　定方位套管有限元网格模型

（3）定方位射孔套管模型载荷与边界条件设置。在建立的定方位射孔套管中，假定套管孔眼不受约束，套管管体添加以下约束条件：

1）管体两端部加对称约束。

2）管体两端加固定，避免套管在外部载荷作用下发生位移。

3）管体外部载荷，在管体的外表面添加均匀分布的压力 P。

（4）定方位射孔套管模型仿真方法。定方位射孔套管模型仿真采用静力学分析，有限元仿真示意图如图 6 - 65 所示。逐步加大套管承受外压，当定方位射孔套管最大应力达到材料屈服应力时，外压即为套管所能承受的极限压力，以此确定定方位射孔套管承受的极限能力，得到套管剩余强度。

静态结构
类型：等效应力
单位：MPa

2.3122e-5
2.0571e-5
1.8019e-5
1.5468e-5
1.2916e-5
1.0365e-5
7.8135e-6
5.2621e-6
2.7106e-6
1.5917e-7

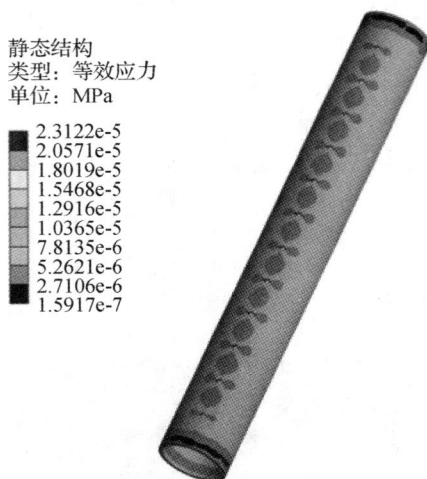

图 6-65　定方位套管有限元仿真示意图

6.3.4　定方位射孔套管有限元结果分析

本节选用射孔孔径为 4～18 mm,射孔孔密为 4～14 孔/m,规格为 Φ139.7 mm×9.17 mm N80 套管作为分析对象。通过 6.3.3 节中提出的定方位射孔套管剩余强度有限元分析方法,分析得到不同射孔参数组合下,定方位射孔套管剩余强度及剩余强度系数的数值解。部分结果见表 6-8,此表主要展示了采用有限元分析方法,分析在不同参数下,定方位射孔套管剩余强度与剩余强度系数解算的具体数据。

表 6-8　定方位射孔套管剩余强度与剩余强度系数数值解

孔密/(孔·m⁻¹)	孔径/mm	剩余强度数值解/MPa	剩余强度系数
4	4	53.191	0.873
4	10	51.613	0.848
4	18	41.667	0.684
6	4	52.059	0.855
6	10	48.885	0.803
6	18	40.125	0.659

续表

孔密/(孔·m^{-1})	孔径/mm	剩余强度数值解/MPa	剩余强度系数
8	4	50.938	0.836
8	10	46.535	0.764
8	18	37.480	0.615
10	4	49.815	0.818
10	10	42.645	0.700
10	18	34.438	0.565
12	4	47.416	0.779
12	10	40.965	0.673
12	18	32.435	0.533
14	4	45.141	0.741
14	10	36.895	0.606
14	18	30.583	0.502

　　通过表 6-8 可知,规格为 Φ139.7 mm×9.17 mm N80 定方位射孔套管剩余强度仿真结果与射孔参数呈现一定相关性,与孔径及孔密均呈负相关。当孔径依次增大(即 4 mm、10 mm、18 mm)时,定方位射孔套管剩余强度仿真结果最大值(即在 4 孔/m 的孔密)依次是 53.191 MPa、51.613 MPa 和 41.667 MPa,定方位射孔套管剩余强度仿真结果最小值(即在 14 孔/m 的孔密)依次是 45.141 MPa、36.895 MPa 和 30.583 MPa。在上述定方位射孔套管剩余强度结果中,相较于未射孔套管降低幅值在 12.70%～49.80%以内。

　　(1)孔密对定方位射孔套管剩余强度的影响。当分析孔密与定方位射孔套管剩余强度仿真结果的相关性时,选定 10 mm 孔径,孔密在 4～14 孔/m 范围内变化,选用 Φ139.7 mm×9.17 mm N80 定方位射孔套管进行有限元分析,图 6-66 所示为定方位射孔套管剩余强度随孔密的变化趋势。

　　由图 6-66 可以看出,当除孔密外其他射孔变量不变时,Φ139.7 mm×9.17 mm N80 定方位射孔套管剩余强度与孔密呈负相关。相较于常规套管,套管剩余强度降低幅值在 4.65%～33.16%之间;相较于未射孔套管,套管剩余强度降低幅值在 14.42%～42.83%之间。

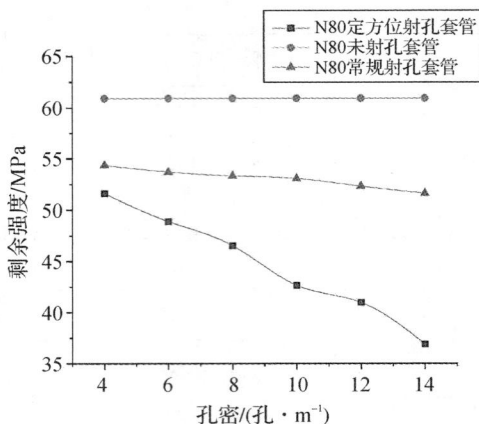

图 6-66   定方位射孔套管仿真结果随孔密变化曲线

（2）孔径对定方位射孔套管剩余强度的影响。在分析孔径与定方位射孔套管剩余强度仿真结果的相关性时，选定 10 孔/m 孔密、孔径在 4～18 mm 范围内变化，选用 Φ139.7 mm×9.17 mm N80 定方位射孔套管进行有限元分析。图6-67 所示为定方位射孔套管剩余强度随孔径变化趋势。

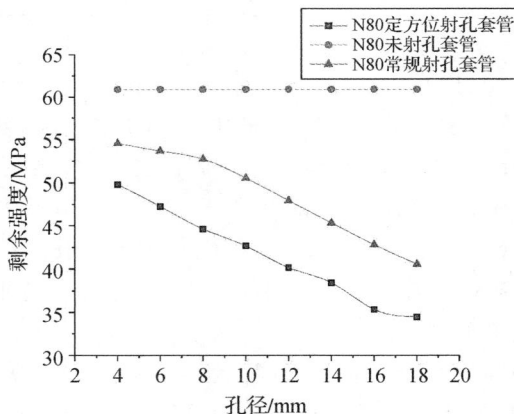

图 6-67   定方位射孔套管仿真结果随孔径变化曲线

由图 6-67 可以看出，当除孔径外其他射孔变量不变时，Φ139.7 mm×9.17 mm N80 定方位射孔套管剩余强度与孔径呈负相关。相较于常规套管，套管剩余强度降低幅值在 5.76%～13.22% 之间；相较于未射孔套管，套管剩余强度降低幅值在 16.40%～40.60% 之间。

6.3.5　定方位射孔套管剩余强度解析解与数值解对比分析

本节为检验定方位射孔套管解析结果是否正确,利用 ANSYS 有限元分析方法得到不同射孔参数下,定方位射孔套管剩余强度的数值解,将解析解与数值解相互对比校验。得到的部分结果见表 6-9,解析解与数值解的详细比较如图 6-68 和图 6-69 所示。

表 6-9　定方位射孔套管剩余强度解析解、数值解对比

孔密/(孔·m⁻¹)	孔径/mm	剩余强度解析解/MPa	剩余强度数值解/MPa	误差/(%)
4	4	56.253	53.191	5.028
4	10	54.881	51.613	5.366
4	18	46.232	41.667	7.496
6	4	55.269	52.059	5.271
6	10	52.509	48.885	5.951
6	18	44.891	40.125	7.826
8	4	54.294	50.938	5.511
8	10	50.465	46.535	6.453
8	18	42.591	37.480	8.392
10	4	53.317	49.815	5.750
10	10	47.083	42.645	7.287
10	18	39.947	34.438	9.046
12	4	51.231	47.416	6.264
12	10	45.622	40.965	7.647
12	18	38.204	32.435	9.473
14	4	49.253	45.141	6.752
14	10	42.083	36.895	8.519
14	18	36.594	30.583	9.870

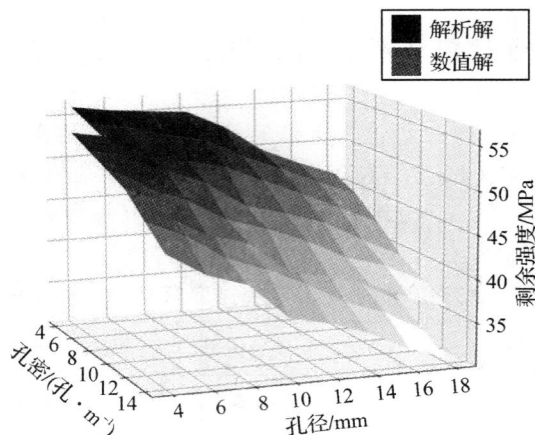

图 6-68　不同孔径、孔密下定方位射孔套管剩余强度数值解与解析解对比

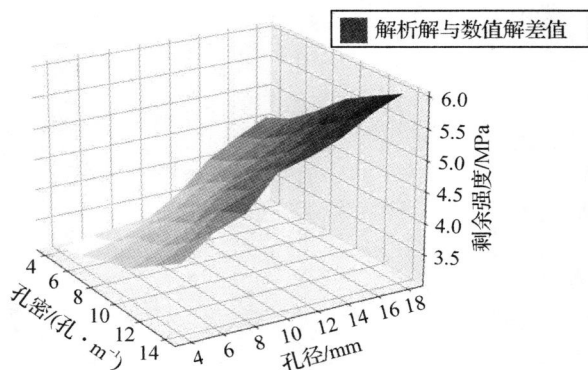

图 6-69　不同孔径、孔密下定方位射孔套管剩余强度解析解与数值解差值示意图

　　从表 6-9、图 6-68 与图 6-69 可以看出,当除孔径外其他参数不变,孔径在 4～18 mm 范围内变化时,利用解析解与数值解得到的剩余强度降低幅值分别在 12.80%～34.33% 和 16.40%～40.60% 范围内变动,两者剩余强度整体趋势大体相同,差值不超过 5.45 MPa,相差不超过 8.95%;当除孔密外其他参数不变,孔密在 4～14 孔/m 范围内变化时,利用解析解与数值解得到的剩余强度降低幅值分别在 9.71%～30.24% 和 14.42%～42.83% 范围内变动,两者剩余强度整体趋势大体相同,差值不超过 5.31 MPa,相差不超过 8.72%。该对比结果验证了本章提出的解析解方法与应用的有限元数值分析方法理论正确,能精确地对定方位射孔套管剩余强度进行分析,为研究定方位射孔套管剩余强度提

供支持。

本节根据弹性力学孔板理论和常规射孔套管剩余强度理论,参考常规射孔套管剩余强度的分析方法推导定方位射孔套管剩余强度方程,求解在不同射孔参数下,定方位射孔套管的剩余强度,得到解析解;为了验证和完善理论分析,再运用有限元方法分析定方位射孔套管剩余强度,得到数值解。对比解析解与数值解发现其差值较小,因此所建立的定方位射孔套管剩余强度分析方法可以作为定方位射孔套管剩余强度计算依据。具体结果如下:

(1)当其他参数不变时,选择射孔孔密在 4~14 孔/m 范围内变化,射孔套管剩余强度与射孔孔密呈负相关。相较于常规射孔套管,利用解析解与数值解得到的剩余强度分别在 4.31%~22.71% 和 4.65%~33.16% 范围内变动;与未射孔套管相比,利用解析解与数值解得到的剩余强度分别在 9.71%~30.24% 和 14.42%~42.83% 范围内变动。

(2)当其他参数不变时,选取射孔孔径在 4~18 mm 范围内变化,射孔套管剩余强度与射孔孔径呈负相关。相较于常规射孔套管,利用解析解与数值解得到的剩余强度分别在 6.11%~13.11% 和 5.76%~13.22% 范围内变动;与未射孔套管相比,利用解析解与数值解得到的剩余强度分别在 12.80%~34.33% 和 16.4%~40.60% 范围内变动。

(3)在不同的射孔相位角、射孔孔径、射孔孔密等参数情况下,本章所推导出的定方位射孔套管剩余强度求得的解析解与有限元分析方法得到的数值解差值不超过 6.01 MPa,相差不超过 9.87%。该对比结果验证了本书提出的解析解方法与应用的有限元数值分析方法理论的正确性,适用于不同射孔参数下的射孔套管剩余强度计算。

6.4　本　章　小　结

本书基于当前射孔套管强度的研究现状,建立倾斜射孔、定面射孔、定方位射孔三种非常规射孔套管剩余强度分析方法,探究不同组射孔参数下,套管剩余强度的变化规律。本书主要通过理论与数值结合的方法开展研究,以若干组倾斜角、相位角、孔径、孔密等射孔参数组合的射孔套管模型为研究对象,基于弹性力学孔板理论和常规射孔套管剩余强度理论,考虑三种非常规射孔套管所受复杂载荷,建立三种非常规射孔套管剩余强度方程,利用 Python 软件求得三种非常规射孔套管剩余强度的解析解;同时选取理论分析中的套管作为算例,再利用 ANSYS 有限元分析方法,分别建立三种非常规射孔套管有限元模型,进行数值

分析。分析和比较数值解与解析解,验证并完善理论分析。主要结论如下:

(1)倾斜射孔套管剩余强度分析结果表明,当除倾斜角外其他参数不变,选定 16 孔/m 孔密、90°相位角、10 mm 孔径,选取倾斜角在 5°～30°范围内变化时,利用解析解与数值解得到的剩余强度降低幅值分别在 8.51%～12.63% 和 13.00%～18.60%范围内变动,两者剩余强度整体趋势大体相同,差值不超过 4.94 MPa,相差不超过 8.11%;倾斜射孔套管剩余强度随着射孔倾斜角的增大而减小。当除相位角外其他参数不变,选定 16 孔/m 孔密、30°倾斜角、10 mm 孔径,选取相位角在 10°～180°范围内变化时,利用解析解与数值解得到的剩余强度降低幅值分别在 12.60%～18.12% 和 17.90%～25.30%范围内变动,两者剩余强度整体趋势大体相同,差值不超过 4.02 MPa,相差不超过 6.60%;倾斜射孔套管剩余强度随着射孔相位角的增大先增大再减小。当除孔径外其他参数不变,选定 16 孔/m 孔密、30°倾斜角、90°相位角,选取孔径在 10～18 mm 范围内变化时,利用解析解与数值解得到的剩余强度降低幅值分别在 13.77%～30.24% 和 16.11%～34.35%范围内变动,两者剩余强度整体趋势大体相同,差值不超过 3.53 MPa,相差不超过 5.81%;倾斜射孔套管剩余强度随着射孔孔径的增大而减小。

(2)定面射孔套管剩余强度分析结果表明,当除孔径外其他参数不变时,选定 9 孔/m 孔密、30°相位角,选取孔径在 4～24 mm 范围内变化时,利用解析解与数值解得到的剩余强度降低幅值分别在 6.17%～19.70% 和 13.60%～27.80%范围内变动,两者剩余强度整体趋势大体相同,差值不超过 4.79 MPa,相差不超过 7.86%;定面射孔套管剩余强度随着射孔孔径的增大而减小。当除相位角外其他参数不变时,选定 9 孔/m 孔密、10 mm 孔径,选取相位角在 15°～90°范围内变化时,利用解析解与数值解得到的剩余强度降低幅值分别在 15.90%～25.31% 和 21.10%～33.70%范围内变动,两者剩余强度整体趋势大体相同,差值不超过 4.79 MPa,相差不超过 7.86%;定面射孔套管剩余强度随着射孔相位角的增大先增大再减小。当除孔密外其他参数不变时,选定 10 mm 孔径、30°相位角,选取孔密在 9～24 孔/m 范围内变化时,利用解析解与数值解得到的剩余强度降低幅值分别在 14.13%～21.15% 和 21.60%～26.70%范围内变动,两者剩余强度整体趋势大体相同,差值不超过 4.79 MPa,相差不超过 7.86%;定面射孔套管剩余强度随着射孔孔密的增大而减小。

(3)定方位射孔套管剩余强度分析结果表明,当除孔径外其他参数不变,孔径在 4～18 mm 范围内变化时,利用解析解与数值解得到的剩余强度降低幅值分别在 12.80%～34.33% 和 16.40%～40.60%范围内变动,两者剩余强度整体趋势大体相同,差值不超过 5.45 MPa,相差不超过 8.95%;定方位射孔套管剩余强度随着射孔孔径的增大而减小。当除孔密外其他参数不变,孔密在 4～14 孔/m 范围内变化时,利用解析解与数值解得到的剩余强度降低幅值分别在 9.70％～30.24％和 14.40％～42.80％范围内变动,两者剩余强度整体趋势大体相同,差值不超过 5.31 MPa,相差不超过 8.72％;定方位射孔套管剩余强度随着射孔孔密的增大而减小。

第7章 结论与展望

7.1 结 论

高能射孔产生高压爆轰气体和冲击载荷,使射孔液、射孔枪和油套管柱承受复杂动载,常引发管柱塑性弯曲、振断、胀枪、卡枪和套管损坏事故。针对高压深井射孔作业事故特点,本书应用爆炸力学、振动力学、材料力学和流体力学理论,结合有限元数值分析、管材动力学实验分析和井下实测,研究射孔液压力脉动规律和油套管柱动态响应机理,发展高初压、狭长边界、深层接触水下爆轰及损伤理论,指导射孔设计和作业,减少射孔事故,得到如下结论。

(1)改进了聚能射孔弹炸药爆轰参数分析方法,提高了分析精度;建立了聚能射孔液压力脉动理论分析方法,探明了聚能射孔液压力脉动规律。爆容理论计算值与实验相差分别小于2.1%;爆热理论值与实验相差0.53%;爆温理论值与实验相差小于3%;爆速和爆压理论值与实验相差小于3.6%和0.9%。考虑相变界面冲击波的连续性,应用泰特(Tait)方程,拟合量化了干扰程度,建立了聚能射孔液压力脉动理论分析方法,并用AUTODYN软件分析并验证了理论方法的正确性,探明了射孔液压力脉动规律。

(2)研究了射孔枪胀枪幅度、胀枪机理、毛刺高度和动力强度安全性,解释了卡枪现象,探明了爆轰波叠加对能量、密度、射流速度和套管强度的影响;应用LS-DYNA软件,以及改进的ALE算法,实现了射流侵彻的流固耦合仿真。弹间叠加将提高射流能量,有利于增加孔深;射孔枪产生外凸毛刺,套管产生内翻毛刺,当累计毛刺高度超过枪套管间隙时,将引发卡枪。射孔枪的高应力区重叠、累积,形成沿射孔螺旋线为中线的高应力带,在高爆压作用下,向外鼓胀,发生胀枪。

(3)研究了重复射孔侵彻套管孔边和孔间的应力分布规律,得到了二次重复射孔和三次重复射孔侵彻套管剩余强度,形成了再生老井重复射孔侵彻套管强度安全性评价推荐做法。应用 Workbench 瞬态法分析了重复射孔侵彻套管孔边和孔间的应力分布规律,归纳形成了再生老井重复射孔侵彻套管强度安全性评价推荐做法。分析表明:新旧孔轴向相切是剩余强度降低最多最不利的重复射孔方式,二次射孔套管剩余强度降低 20% 左右,三次射孔套管剩余强度降低 30% 左右。

(4)通过高应变率载荷作用下 P110S 管材力学性能实验,阐明了冲击应变率对管柱动力强度的影响规律:进行了高应变率下高压深井常用 P110S 管材的力学性能实验,研究了应变率对管柱动力强度的影响。在应变率 500 s^{-1} 动载下,管材屈服强度比静态实测值高 15.5%,对应流体诱发引起的管柱振动,强度降低 4.5%;在应变率 1 000 s^{-1} 动载下,管材屈服强度比静态值高 41.4%,对应射孔冲击引起的管柱振动,强度降低 8.6%。

(5)研制了射孔液压力脉动及管柱振动井下测试器,井下实测得到射孔过程中射孔液的脉动压力和管柱的振动加速度。根据射孔井下作业特点,考虑射孔爆轰瞬间井下复杂的温度、压力环境,研制了射孔液压力脉动及管柱振动井下测试器,解决了井下高温高压下高频采样和大量程加速度测量技术难题。将该测试器下入井下 4 914 m 深处,测取射孔液脉动压力和管柱振动加速度,为深入考察聚能射孔弹炸药类型与密度、射孔参数、井身结构、管柱组合对射孔液压力脉动与管柱振动的影响规律提供了验证手段和数据。实测表明,由于射孔爆轰影响,射孔液峰值压力可以达到静液柱压力的 3 倍左右;由于射孔液对射孔枪的回填,会形成局部负压;射孔段管柱的轴向和横向振动加速度可以达到数十个 g。

(6)研究了射孔液压力脉动激励下射孔段管柱动态响应机理,解释了近封隔器射孔管柱易于塑性弯曲或振断的现象:应用悬臂梁振动理论,建立了射孔冲击下管柱的力学模型,得到了纵横向和扭转管柱振动微分方程,求解得到了管柱振动主振型、固有频率及位移动力响应表达式;应用 ANSYS 软件,建立了瞬态有限元模型,分析得到了管柱振动关键参数的响应,固有频率解析解与有限元解相差不超过 7.3%。研究发现,距离封隔器越近管柱应力越大,因此,近封隔器射孔管柱易于塑性弯曲或振断。理论分析与井下测试结果对比表明,射孔液峰值压力理论值与实测值相差 9.5%,向上、向下最大轴向加速度理论值与实测值相差 6.0% 和 8.4%,这说明应用 Euler 和 Euler - Multimaterial 耦合算法模拟射孔爆轰分析满足精度要求,方法可行。

7.2   创 新 点

本书针对高压深井常见的射孔事故,开展了射孔液压力脉动及油套管柱动态响应机理研究,进行了井下实测验证;完善了射孔弹炸药爆轰参数计算方法,建立了射孔液压力脉动理论分析方法;研究了射孔胀枪、卡枪机理,建立了重复射孔侵彻套管剩余强度评价方法,进行了压力脉动和加速度测试器的研制与实测;开展了高应变率下管材的力学性能实验,阐释了冲击应变率对管柱动力强度的影响规律。本书研究工作创新点总结如下:

(1)研究了射孔液压力脉动规律和射孔激励下管柱的动态响应。现有浅层、低初压、自由边界水下爆炸理论难以解决深井、高初压、狭长边界下射孔液压力脉动及油套管柱损伤问题。首先基于相变界面冲击波连续性,应用 Tait 方程,形成冲击波初始压力分析方法;考虑高压、狭长套管边界,基于反射原理,完善套管和射孔液界面反射参数分析方法;引用经典爆炸实验数据,拟合量化弹间压力波干扰程度,按初压、指数衰减、倒数衰减分阶段建立射孔液压力脉动规律方程。用振动悬臂梁理论分析冲击载荷下管柱的动态响应,用 Euler 模型描述固壁边界的套管和弹性材料的管柱,用 Euler – Multimaterial 模型描述大变形射孔液和发生固液相变的射孔弹,分析冲击载荷与射孔液压力脉动激励下管柱的动态响应,探明射孔液压力脉动规律和射孔段管柱的动态响应机理,发展高初压、狭长边界、深层水下爆炸及损伤理论。

(2)通过爆轰、药型罩固流转化、高速射流侵彻套管的流固耦合和大变形仿真分析,阐明了聚能射流侵彻射孔枪和套管的开孔过程,研究了射孔胀枪、卡枪机理。解决了现有文献只能采用二维方式、用高速金属杆体代替金属射流、未考虑射孔枪身盲孔的存在、不能实现大变形及相变和流固耦合的问题。应用 ALE 算法,模拟聚能射流侵彻射孔枪和套管,以及引起压力脉动和管柱动力响应的过程,每一个迭代步分为两阶段,先执行网格随物质运动的拉格朗日算法,再执行穿过单元边界的质量、内能和动量的欧拉映射算法,实现仿真。研究了爆轰波叠加对能量、密度、射流速度和套管强度的影响,探明了射孔枪胀枪和卡枪机理。

(3)研制了射孔液压力脉动及管柱振动井下测试器,通过井下实测得到射孔过程中射孔液的脉动压力和管柱的振动加速度。根据射孔井下作业特点,考虑射孔爆轰瞬间井下复杂的温度、压力环境,研制了射孔液压力脉动及管柱振动井下测试器。该测试器可以耐 150 ℃高温、200 MPa 高压,将该测试器随射孔-测试联作管柱下入井下 4 914 m 深处,连续测取了射孔过程中射孔液脉动压力和管柱振动加速度,为深入考察聚能射孔弹炸药类型与密度、射孔参数、井身结构、管柱组合对射孔液压力脉动与管柱振动的影响规律提供了验证手段和数据。

(4)首次进行了 P110S 管材高应变率冲击下的力学性能实验。针对油套管柱动态响应机理进一步研究的需要,首次进行了高压深井常用的 P110S 管材 500 s^{-1} 和 1 000 s^{-1} 高应变率下的冲击实验,研究了冲击应变率对管柱动力强度的影响规律,得到了不同应变率动载冲击下管材强度降低系数,为动载作用下射孔管柱应力强度分析提供了基础数据。

7.3 研究展望

本书针对高压深井射孔管柱和套管损坏现象,根据高压深井井身结构特点,考虑井下高压和狭长边界约束,考虑聚能射孔弹装药特点和射孔液水下爆轰特点,开展了射孔液压力脉动及油套管柱动态响应机理研究,取得了新的研究成果和新的认识。鉴于问题的复杂性,结合研究过程中遇到的困难,对下一步研究展望如下。

(1)应用 SPH 方法,深化射孔液压力脉动及油套管柱动态响应机理研究。SPH 的无网格性质对于水下爆炸流固耦合研究具有先天优势,考虑爆轰瞬间射孔液在套管中的高速流动、大变形以及套管体狭长边界的限制,考虑射孔液与套管边界的流固耦合,可建立拉格朗日有限差分方法(Lagrange Finite Difference Method,SPH - LFDM)耦合算法。用 LFDM 法描述狭长套管边界,用 SPH 法分析射孔液的压力脉动,用 SPH - LFDM 耦合算法分析射孔液与套管的耦合作用及变形协调关系。考虑高压深井井下空间狭长、射孔液大变形、相对运动剧烈的特点,考虑射孔段油管的弹塑性,应用大变形弹塑性碰撞理论修正 SPH 法(SPH - LDEC),建立射孔液与射孔段油管(弹塑性边界)的流固耦合模型,描述射孔液与管柱的变形协调关系,可以提高射孔液压力脉动和射孔段管柱动力响应分析的精度,缩短计算工作时间。

(2)深入考察弹间距的影响,为射孔参数优选和射孔器材优化设计提供理论指导。在本书研究的基础上,深入考察射孔弹间距对爆轰产物的能量补充作用、能量转换规律、套管侵彻程度、射孔枪侵彻程度、射孔穿深等的影响,可以为布孔格式、相位角、孔密等射孔参数优选及射孔器材优化设计提供理论指导。

(3)射孔爆轰引起的套管应力加强区材料属性的科学处理。高压深井射孔侵彻孔眼孔边的套管高应力区,对这一区域的套管材料,可以认为产生了冷作硬化,材料力学属性将发生根本转变,强度提高,韧性降低,材料变脆,量化的影响程度和影响机理有待进一步研究。

(4)含水泥石环和围岩的三维聚能射流侵彻仿真分析。由于目前工作站计算速度限制,仅建立了射孔弹-射孔枪-射孔液-套管三维动态有限元模型,没有考虑聚能射流射穿水泥石环和围岩,即使如此,仿真计算一组数据需要运行 168 h。如果计算速度、计算硬件允许,完整的模型应该为"射孔弹＋射孔枪＋射孔液＋套管＋水泥环＋储层岩石",基于此,即可分析聚能射流在储层岩石中的穿孔深度以及射孔造缝情况,而深穿透和良好的造缝能力正是目前射孔工艺追求的目标。

参 考 文 献

[1] 窦益华,许爱荣,张福祥,等.高温高压深井试油完井问题综述[J].石油机械,2008,36(9):140-142.

[2] 黄显辉,窦益华,许爱荣,等.高温高压深井射孔卡枪原因分析及对策[J].石油机械,2008,36(9):182-184.

[3] 窦益华,徐海军,姜学海,等.射孔测试联作封隔器中心管损坏原因分析[J].石油机械,2007,35(9):113-115.

[4] 曹银萍,唐庚,唐纯洁,等.振动采气管柱应力强度分析[J].石油机械,2012,40(3):80-82.

[5] 窦益华,李明飞,张福祥,等.井身结构对射孔段油管柱强度安全性影响分析[J].石油机械,2012,40(3):27-29.

[6] 王海东,孙新波.国内外射孔技术发展综述[J].爆破器材,2006,35(3):33-36.

[7] 孟宪昌,张俊秀.爆轰理论基础[M].北京:北京理工大学出版社,1988.

[8] 李德华,程新路,杨向东,等.TNT和TATB炸药爆轰参数的数值模拟[J].兵工学报,2006,27(4):638-642.

[9] 覃文志,龙新平,蒋小华,等.金属配合物类炸药的爆轰性能计算及数值模拟[J].含能材料,2011,19(5):540-543.

[10] 史慧生.用光电技术测定爆轰参数[J].爆炸与冲击,1989,9(4):359-362.

[11] 吴国栋.炸药爆轰参数的测量[J].爆炸与冲击,1987,7(4):367-374.

[12] 卢德唐,许广明,孔祥言,等.用并行算法计算射孔时的井底压力[J].中国科学技术大学学报,1999,29(6):11-16.

[13] 赵旭,柳贡慧.复合射孔上部压井液运动理论模型研究[J].钻井液与完井液,2008,25(3):7-9.

[14] 柳贡慧,赵旭.复合射孔上部压井液运动机理试验[J].中国石油大学学报(自然科学版),2008,32(6):88-91.

[15] 赵旭,柳贡慧,项中华.复合射孔压井液运动及影响作用研究[J].西南石油大学学报(自然科学版),2009,31(4):87-90.

[16] 赵旭，柳贡慧，李中权. 复合射孔压裂火药爆燃后气液作用分析[J]. 西南石油大学学报，2008，30(5)：141-144.

[17] XU F，LI M F，DOU Y H，et al. The analysis of the influence of perforating parameters on the strength security of perforation string[J]. Appl Mech Mater，2012，268/269/270：514-517.

[18] YANG X T，ZHANG F X，LI M F，et al. Analysis of strength safety of perforated string considering detonation parameters[J]. Adv Mater Res，2013，634/635/636/637/638：3573-3576.

[19] KOLODNER I，KELLER J. Underwater explosion bubbles II，the effect of gravity and the change of shape[J]. Journal of Fluid Mechanics，2011，537(5)：387-413

[20] KELLER J B，KOLODNER I I. Damping of underwater explosion bubble oscillations[J]. J Appl Phys，1956，27(10)：1152-1161.

[21] PATERSON S，BEGG A H. Underwater explosion[J]. Propellants Explo Pyrotec，1978，3(1/2)：63-69.

[22] SWEGLE J W，ATTAWAY S W. On the feasibility of using smoothed particle hydrodynamics for underwater explosion calculations [J]. Comput Mech，1995，17(3)：151-168.

[23] 闫相祯，李茂生，杨秀娟，等. 钻柱与井壁碰撞的拉格朗日算法动力学仿真[J]. 机械强度，2006，28(3)：341-345.

[24] KLASEBOER E，HUNG K C，WANG C，et al. Experimental and numerical investigation of the dynamics of an underwater explosion bubble near a resilient/rigid structure[J]. J Fluid Mech，2005，537：387-413.

[25] SHIN Y S. Ship shock modeling and simulation for far-field underwater explosion[J]. Comput Struct，2004，82(23/24/25/26)：2211-2219.

[26] GEFFROY A G，LONGèRE P，LEBLé B. Numerical simulation of far-field underwater explosion-induced damage of ship structure[C] // DYMAT 2009-9th International Conferences on the Mechanical and Physical Behaviour of Materials under Dynamic Loading. Brussels：EDP Sciences，2009：23-27.

[27] HUNG C F，HSU P Y，HWANG F J J. Elastic shock response of an air-backed plate to underwater explosion[J]. Int J Impact Eng，2005，31(2)：151-168.

［28］RAJENDRAN R，NARASIMHAN K. Linear elastic shock response of plane plates subjected to underwater explosion［J］. Int J Impact Eng，2001，25(5)：493－506.

［29］杨智春，王乐，李斌，等. 结构动力学有限元模型修正的目标函数及算法［J］. 应用力学学报，2009，26(2)：288－296.

［30］KHOMIK S V，VEYSSIERE B，MEDVEDEV S P，et al. On some conditions for detonation initiation downstream of a perforated plate［J］. Shock Waves，2013，23(3)：207－211.

［31］DEITERDING R，RADOVITZKY R，MAUCH S P，et al. A virtual test facility for the efficient simulation of solid material response under strong shock and detonation wave loading［J］. Eng Comput，2006，22(3)：325－347.

［32］GAUNAURD G C，NGUYEN L H. Detection of land-mines using ultra-wideband radar data and time-frequency signal analysis［J］. IEE Proceedings Radar Sonar & Navigation，2004，151(5)：307－316.

［33］GRUJICIC M，PANDURANGAN B，MOCKO G M，et al. A combined multi-material Euler/Lagrange computational analysis of blast loading resulting from detonation of buried landmines［J］. Multidiscip Model Mater Struct，2008，4(2)：105－124.

［34］BAUMANN C，BARNARD K，LU A B，et al. Prediction and reduction of perforating gunshock loads［C］//International Petroleum Technology Conference. Beijing：SPE，2013.

［35］CARLOS B. Perforating gunshock loads-prediction and mitigation［C］//The netherlands 2013 SPE/IADC drilling conference and exhibition. Amsterdam：SPE/IADC，2013：29－35.

［36］MCKINNON R，MARKEL D，BROOKS J，et al. Perforating gun［J］. Procedia Eng，2008，84(2)：878－896.

［37］BAUMANN C E E，GUERRA J P P，WILLIAM A，et al. Reduction of perforating gunshock loads［J］. SPE Drill Complet，2012，27(1)：65－74.

［38］BAUMANN C E，WILLIAMS H，BEHRMANN L A，et al. Assemblies and methods for minimizing pressure-wave damage：US20130140023［P］. 2013－06－06.

［39］BAUMANN C，LAZARO A，VALDIVIA P，et al. Perforating gunshock loads – prediction and mitigation[C] //SPE/IADC Drilling Conference. Amsterdam：SPE，2013：16 – 19.

[40] BAUMANN C，DUTERTRE A，MARTIN A，et al. Risk evaluation technique for tubing-conveyed perforating[C] //SPE Europec/EAGE Annual Conference. Copenhagen：SPE，2012：18 – 23.

[41] O'DANIEL J L，KRAUTHAMMER T. Assessment of numerical simulation capabilities for medium-structure interaction systems under explosive loads[J]. Comput Struct，1997，63(5)：875 – 887.

[42] MYERS W D，WRIGHT A S. Perforating gun assemblyto control wellbore fluid dynamics：MS，WO/2012/173956[P]. 2012.

[43] BURMAN J，SCHOENER S M，LE C，et al. Predicting wellbore dynamic-shock loads prior to perforating[C]//All Days. The Woodlands：SPE，2011：51 – 55.

[44] CARPENTER C. Collapse analysis of perforated pipes under external pressure[J]. J Petrol Technol，2017，69(6)：77 – 79.

[45] HAIR C C，SCHWIND B E. Evaulation and design optimization of perforated casing[C] //All Days. Houston,：OTC，1993：5 – 10.

[46] MORITA N，MCLEOD H. Oriented perforation to prevent casing collapse for highly inclined wells[J]. SPE Drill Complet，1995，10(3)：139 – 145.

[47] GUO Y，BLANFORD M，CANDELLA J D. Evaluating the risk of casing failure caused by high-density perforation：A 3D finite-element-method study of compaction-induced casing deformation in a deepwater reservoir, gulf of Mexico [J]. SPE Drill Complet，2015，30(2)：141 –151.

[48] 畅博，李继东，敬怡东，等. 辅助药型罩材料对超聚能射流成型和侵彻能力影响的仿真研究[J]. 兵器装备工程学报，2019，40(12)：35 – 39.

[49] 张先锋，陈惠武. 三种典型聚能射流侵彻靶板数值模拟[J]. 系统仿真学报，2007，19(19)：4399 – 4401.

[50] 李玉坤，叶贵根，仝兴华，等. 油气井套管射孔有限元动态仿真[J]. 中国石油大学学报(自然科学版)，2008，32(4)：114 – 117.

[51] DEHBI A. Turbulent particle dispersion in arbitrary wall-bounded geometries：A coupled CFD-Langevin-equation based approach [J]. International Journal of Multiphase Flow，2008，34(9)：819 – 828.

[52] ADAMOVICH S V , AUGUST K , MERIANS A , et al. A virtual reality-based system integrated with fmri to study neural mechanisms of action observation-execution: a proof of concept study. [J]. restor neurol neurosci, 2009, 27(3):209 – 223.

[53] SOULIèRES, ZEFFIRO T A , GIRARD M L , et al. Enhanced mental image mapping in autism[J]. Neuropsychologia, 2011, 49(5):848 – 857.

[54] BARANOV P A, ZHDANOV V L, ISAEV S A, et al. Numerical simulation of the unsteady laminar flow past a circular cylinder with a perforated sheath[J]. Fluid Dyn, 2003, 38(2): 203 – 213.

[55] GROVE B, WERNER A, HAN C. Explosion-induced damage to oilwell perforating gun carriers [C]//WIT Transactions on The Built Environment, Vol 87", "Structures Under Shock and Impact IX. The New Forest: WIT Press, 2006:17 – 21.

[56] SREDENSEK E, SANDERS H. Job planning and execution when fishing live perforating guns with 8, 000-psi surface pressure[C]//All Days. The Woodlands:SPE, 2013:95 – 100.

[57] GAMBIRASIO L, RIZZI E, BENSON D J. Eulerian simulations of perforating Gun firing in air at atmospheric pressure: Scallop geometry influence on design optimization [J]. Acta Mech, 2017, 228 (3): 991 –1027.

[58] GAMBIRASIO L. Large strain computational modeling of high strain rate phenomena in perforating gun devices by lagrangian/eulerian fem simulations[J]. Rev. econ. inst, 2013, 9(17): 43 – 74.

[59] BRINSDEN M S, BOOCK A, BAUMANN C E. Perforating gunshock loads: Simulation capabilities and applications[C] //All Days. Kuala Lumpur:IPTC, 2014:37 – 41.

[60] ZHAO D, LIU Z F, CUI C S, et al. Research on pressure measurement system in perforating gun and shell protection[J]. Electronics World, 2013, 2(10): 89 – 90.

[61] KANG K, MA F, ZHOU H F, et al. Study on dynamic numerical simulation of string damage rules in oil-gas well perforating job[J]. Procedia Eng, 2014, 84: 898 – 905.

[62] 董世康, 胡芳友, 崔爱永, 等. 聚能射流侵彻飞机铝合金蒙皮的仿真与试验研究[J]. 振动与冲击, 2019, 38(4): 184 – 190.

[63] 朱峰，朱卫华，王怡舒. 聚能射流侵彻混凝土靶板的数值模拟研究[J]. 四川兵工学报，2011，32(7)：66－69.

[64] 肖强强，黄正祥，顾晓辉. 冲击波影响下的聚能射流侵彻扩孔方程[J]. 高压物理学报，2011，25(4)：333－338.

[65] 叶正寅，吕广亮. 火箭发动机喷管非定常侧向力和流固耦合研究进展[J]. 航空工程进展，2015，6(1)：1－12.

[66] LÖHNER R，YANG C. Improved ALE mesh velocities for moving bodies[J]. Commun Numer Meth Engng，1996，12(10)：599－608.

[67] CASPERS S，ZILLES K，LAIRD A R，et al. ALE meta-analysis of action observation and imitation in the human brain[J]. NeuroImage，2010，50(3)：1148－1167.

[68] SAMSON F，MOTTRON L，SOULIèRES I，et al. Enhanced visual functioning in autism：An ALE meta-analysis[J]. Hum Brain Mapp，2012，33(7)：1553－1581.

[69] HILL R J，JARVIE D M，ZUMBERGE J，et al. Oil and gas geochemistry and petroleum systems of the Fort Worth Basin[J]. Bulletin，2007，91(4)：445－473.

[70] SUNESON N H. Arkoma basin petroleum-past，present，and future[J]. Oklahoma City Geological Society，2012，63(1)：38－70.

[71] 洪大银，夏成量. 破片式高炮弹药对武装直升机的毁伤评估研究[J]. 中国设备工程，2020(4)：221－222.

[72] 赫雷，周克栋，张中利，等. 超高射速武器低后坐力技术研究[J]. 火炮发射与控制学报，2009，30(1)：88－91.

[73] SANDERS W，BAUMANN C E，WILLIAMS H A R，et al. Efficient perforation of high-pressure deepwater wells[C] //All Days. Houston：OTC，2011：55－57.

[74] STAIR C D，HINNANT C H，HINES N O，et al. Planning and execution of highly overbalanced completions from a floating rig：The ursa-princess waterflood project[J]. Spe Drilling & Completion，2011，26(3)：396－407.

[75] BAUMANN C，BUSTILLOS E，GUERRA J，et al. Reduction of perforating gunshock loads[C] //All Days. Macaé：SPE，2011：91－99.

[76] BURMAN J，SCHOENER S M，LE C，et al. Designing completions after predicting wellbore dynamic-shock loads during perforating[C] //

All Days. Macaé：SPE，2011：127 − 129.

[77] BURMAN J，SCHOENER S M，LE C，et al. Predicting wellbore dynamic-shock loads prior to perforating［C］//All Days. The Woodlands：SPE，2011：135 − 139.

[78] 尹洪东，李世义，张建军. 射孔测试联作管柱受力分析及井下仪器保护技术［J］. 石油钻采工艺，2003，25(3)：61 − 63.

[79] 练章华，林铁军，刘健，等. 水平井油管柱射孔振动的有限元分析［J］. 石油钻采工艺，2006，28(1)：56 − 59.

[80] 张林，徐成，李明飞，等. 油气井射孔段管柱动态响应及应力强度分析［J］. 机械设计与制造工程，2017，46(9)：27 − 30.

[81] 陈锋，陈华彬，唐凯，等. 射孔冲击载荷对作业管柱的影响及对策［J］. 天然气工业，2010，30(5)：61 − 65.

[82] CANAL A C，MILETTO P，SCHOENER S M F，et al. Predicting pressure behavior and dynamic shock loads on completion hardware during perforating［C］//All Days. Houston：OTC，2010：210 − 213.

[83] RODGERS J P. Perforation Gun String Energy Propagation Management with Tuned Mass Damper［J］. 2015，45(6)：236 − 239.

[84] ASHANI J Z，GHAMSARI A K. Theoretical and experimental analysis of plastic response of isotropic circular plates subjected to underwater explosion loading［J］. Materialwissenschaft Werkst，2008，39(2)：171 −175.

[85] GHOSHAL R，MITRA N. Non-contact near-field underwater explosion induced shock-wave loading of submerged rigid structures：Nonlinear compressibility effects in fluid structure interaction［J］. J Appl Phys，2012，112(2)：287 − 303.

[86] KAN K K，STUHMILLER J H，CHAN P C. Simulation of the collapse of an underwater explosion bubble under a circular plate［J］. Shock Vib，2005，12(3)：217 − 225.

[87] ZAMANI J，SAFARI K H，GHAMSARI A K，et al. Experimental analysis of clamped AA5010 and steel plates subjected to blast loading and underwater explosion［J］. J Strain Anal Eng Des，2011，46(3)：201 −212.

[88] 刘建湖. 舰船非接触水下爆炸动力学的理论与应用［D］. 无锡：中国船舶科学研究中心，2002.

[89] FOLLETT S，HAMEED A，DARINA S，et al. Numerical simulations as a reliable alternative for landmine explosion studies：The AUTODYN approach[C] //Volume 9：Mechanics of Solids，Structures and Fluids. Vancouve：ASMEDC，2010：99 – 103.

[90] LIU K Z，GENG X U，XIN C L，et al. Research on numerical simulation in underwater explosion by AUTODYN[J]. Blasting，2009 28(3)：118 – 122.

[91] KIM E S，KIM J H，SHIM J H，et al. A forensic engineering study on evaluation of explosive pressure and velocity for LNG explosion accident using AUTODYN[J]. J Korean Soc Saf，2015，30(4)：56 – 63.

[92] SCHATZ J F，SCHATZ J F，FOLSE K C，et al. High-speed pressure and accelerometer measurements characterize dynamic behavior during perforating events in deepwater gulf of Mexico [C] //SPE Annual Technical Conference and Exhibition. Houston：SPE，2004：57 – 60.

[93] CANAL A，MILETTO P，SCHOENER S M，et al. Predicting pressure behavior and dynamic shock loads on completion hardware during perforating [C] //Proceedings of Offshore Technology Conference. Houston：Offshore Technology Conference，2010：62 – 65.

[94] 卢熹，王树山，马峰，等. 爆炸冲击作用下射孔管柱动力学响应试验[J]. 科学技术与工程，2014，14(33)：53 – 56.

[95] 仇经纬，段庆全，张宏，等. 水流作用下悬跨管道振动的实验研究[J]. 油气储运，2014，33(4)：391 – 394.

[96] 周海峰，马峰，陈华彬，等. 射孔段管柱动态载荷综合测试[J]. 测井技术，2014，38(2)：247 – 250.

[97] 姚文彬，李辉，尚捷. 井下振动实时测量存储系统设计[J]. 电子测量技术，2013，36(3)：106 – 109.

[98] 张伟，徐成，李明飞，等. 射孔段管柱瞬态响应及应力强度分析[J]. 石油机械，2017，45(11)：90 – 94.

[99] 蔡履忠，赵烜，薛世峰，等. 射孔作业过程管柱结构动态响应分析[J]. 石油矿场机械，2015，44(5)：26 – 30.

[100] BAUMANN C，WILLIAMS H，KORF T，et al. Perforating high-pressure deepwater wells in the gulf of Mexico [C] //SPE Annual Technical Conference and Exhibition. Denver：SPE，2011：33 – 36.

[101] GILAT A，KUOKKALA V T，SEIDT J，et al. Full-field temperature

measurement in high strain rate tensile experiment[C] //International Conference on Impact Loading of Structures and Materials. Italy：1st International Conference on Impact Loading of Structures and Materials，2016：39 − 45.

[102] GILAT A，SCHMIDT T E，WALKER A L. Full field strain measurement in compression and tensile split Hopkinson bar experiments[J]. Exp Mech, 2009, 49(2)：291 − 302.

[103] SHAO J J, ZHAI D M, HOU D W, et al. Eexperimental Researchon Stressand Strain of Warship Model Inducedby Underwater Explosion [J]. Engineering Blasting，2012,6(3)：813 − 816.

[104] DAVIS S, BORCHERS J A, MARANVILLE B B, et al. Fast strain wave induced magnetization changes in long cobalt bars：Domain motion versus coherent rotation[J]. J Appl Phys, 2015, 117(6)：2731.

[105] EPEE A F, LAURO F, BENNANI B, et al. Constitutive model for a semi-crystalline polymer under dynamic loading[J]. Int J Solids Struct, 2011, 48(10)：1590 − 1599.

[106] BERISHA B, PAVEL H,TONG L C. Constitutive modeling of dynamic strain aging effect under various loading conditions ［C］ //III International Conference on Computational Methods for Coupled Problems in Science and Engineering.［S. l.：s. n.］,2009：91 − 99.

[107] 陈大年，刘国庆，俞宇颖，等. 高压、高应变率与低压、高应变率实验的本构关联性[J]. 高压物理学报，2005，19(3)：193 − 200.

[108] WU H B，LIU L F，WANG L D，et al. Influence of chromium on mechanical properties and C02/H2S corrosion behavior of P110 grade tube steel[J]. J Iron Steel Res Int, 2014, 21(1)：76 − 85.

[109] ZHAO G X,LU X H,XIANG J M,et al. Formation characteristic of CO2 corrosion product layer of P110 steel investigated by SEM and electrochemical techniques[J]. J Iron Steel Res Int, 2009, 16 (4)：89 − 94.

[110] 鲁世红，何宁. H13 淬硬钢高应变速率动态性能的实验与本构方程研究 [J]. 中国机械工程，2008，19(19)：2382 − 2385.

[111] 肖云凯，方秦，吴昊，等. Johnson-Cook 本构模型参数敏感度分析[J]. 应用数学和力学，2015，36(增刊)：21 − 28.

[112] 王磊，刘杨，晋俊超，等. 动态载荷对长期时效 GH4169 合金拉伸变形行

为的影响[J]. 钢铁研究学报，2011，23（增刊）：213－216.

[113] 王焕然，谢书港，陈大年，等. 试论镁铝合金高应变率单轴压缩拟合本构关系的代入校核[J]. 工程力学，2006，23（9）：179－183.

[114] SUO T，LI Y L，ZHAO F，et al. Compressive behavior and rate-controlling mechanisms of ultrafine grained copper over wide temperature and strain rate ranges[J]. Mech Mater，2013，61：1－10.

[115] LINDHOLM U S，NAGY A，JOHNSON G R，et al. Large strain, high strain rate testing of copper[J]. J Eng Mater Technol，1980，102（4）：376－381.

[116] 杨学文，陈学杰，戴勇，等. 百口泉油田重复射孔提高油井产能的可行性研究[J]. 新疆石油地质，1995，16（3）：261－264.

[117] 王旱祥，刘延鑫，陈一男，等. 二次射孔对筛管强度影响的有限元分析[J]. 石油钻采工艺，2013，35（1）：94－96.

[118] 郑子君，余成. 重复射孔对套管强度的影响[J]. 石油机械，2017，45（12）：100－105.

[119] 杨斌，练章华，刘景超. 射孔套管剩余强度有限元分析[J]. 西部探矿工程，2006（8）：193－195.

[120] 徐道临，刘铁牛，邢宪军. 射孔套管抗组合载强度研究[J]. 石油钻采工艺，1991，13（3）：9－15.

[121] 窦益华，闫蓉，李明飞. 基于有限元分析的高泵压压裂井射孔参数优选[J]. 油气井测试，2016，25（1）：1－3.

[122] 窦益华，徐成，任虎彪，等. 基于射孔套管强度安全的水泥石环参数优化[J]. 石油地质与工程，2016，30（4）：125－128.

[123] 贾曦雨，王树山，马峰，等. 射孔冲击相变对射孔套管抗挤性能的影响[J]. 石油学报，2017，38（3）：348－355.

[124] 唐凯，陈建波，张清彬，等. 定面射孔套管结构动态响应分析及应用[J]. 测井技术，2017，41（4）：485－489.

[125] 于永南，杨秀娟. 射孔套管剩余抗挤能力分析[J]. 石油大学学报（自然科学版），2004，28（1）：77－80.

[126] 王木乐，邹霞，尚磊. 射孔套管抗外挤压模拟试验研究[J]. 长江大学学报（自然科学版）理工卷，2009，6（2）：57－59.

[127] GROVE B，HARVEY J，ZHAN L. Perforation cleanup via dynamic underbalance：New understandings[C] //All Days. Noordwijk：SPE，2011：33－36.

[128] BELTRáN K，NETTO T. Collapse analysis of perforated pipes under external pressure[C] //The SPE Latin America and Caribbean Mature Fields Symposium. Salvador：SPE，2017：78－81.

[129] 闫蓉. 压裂过程中射孔段套管抗内压强度分析[D]. 西安：西安石油大学，2016.

[130] 任虎彪. 水平压裂井射孔段及弯曲段套管安全性分析[D]. 西安：西安石油大学，2016.

[131] 陈华彬，陈锋，唐凯，等. 射孔对油层套管动态力学研究进展[J]. 测井技术，2016，40(5)：650－653.

[132] 郝阳，田勇. 内压和复合力矩下圆筒周向开孔的强度研究[J]. 压力容器，2016，33(11)：45－49.

[133] 奥尔连科. 爆炸物理学[M]. 北京：科学出版社，2011.

[134] KAMLET M J，JACOBS S J. Chemistry of detonations. I. A simple method for calculating detonation properties of C-H-N-O explosives[J]. J Chem Phys，1968，48(1)：23－35.

[135] BIRKHOFF G，MACDOUGALL D P，PUGH E M，et al. Explosives with lined cavities[J]. J Appl Phys，1948，19(6)：563－582.

[136] PUGH E M，EICHELBERGER R J，ROSTOKER N. Theory of jet formation by charges with lined conical cavities[J]. J Appl Phys，1952，23(5)：532－536.

[137] 汪斌，张远平，王彦平. 一种水中爆炸气泡脉动实验研究方法[J]. 高压物理学报，2009，23(5)：332－337.

[138] 徐豫新，王树山，李园. 水下爆炸数值仿真研究[J]. 弹箭与制导学报，2009，29(6)：95－97.

[139] 冯淞，饶国宁，彭金华. 含铝炸药深水爆炸冲击波和气泡脉动的数值模拟[J]. 爆破器材，2017，46(5)：1－7.

[140] 赵继波，谭多望，李金河，等. TNT药柱水中爆炸近场压力轴向衰减规律[J]. 爆炸与冲击，2008，28(6)：539－543.

[141] 马晨洮. 高温高压深井测试管柱受力分析[D]. 成都：西南石油大学，2014.

[142] 宗智，赵延杰，邹丽. 水下爆炸结构毁伤的数值计算[M]. 北京：科学出版社，2014.

[143] 刘铁牛，邢宪军，徐道临，等. 射孔开裂套管的剩余强度研究[J]. 石油机械，1991，19(8)：24－28.

[144] LIU W K, BELYTSCHKO T, CHANG H. An arbitrary Lagrangian-eulerian finite element method for path-dependent materials[J]. Comput Meth Appl Mech Eng, 1986, 58(2): 227 - 245.

[145] HUGHES T J R, LIU W K, ZIMMERMANN T K. Lagrangian-Eulerian finite element formulation for incompressible viscous flows[J]. Comput Meth Appl Mech Eng, 1981, 29(3): 329 - 349.

[146] HUERTA A, LIU W K. Viscous flow with large free surface motion [J]. Comput Meth Appl Mech Eng, 1988, 69(3): 277 - 324.

[147] 刘旭红, 黄西成, 陈裕泽, 等. 强动载荷下金属材料塑性变形本构模型评述[J]. 力学进展, 2007, 37(3): 361 - 374.

[148] 钢铁研究总院. 金属材料 室温拉伸试验方法: GB/T 228—2002[S]. 北京: 中国标准出版社, 2002.

[149] 虞青俊, 陶亮, 李玉龙, 等. 复合射孔枪枪身材料动态本构关系的试验研究[J]. 石油机械, 2006, 34(10): 13 - 15.

[150] 成大先. 机械设计手册: 第 3 卷[M]. 5 版. 北京: 化学工业出版社, 2008.